Imene Meriem Mostefaoui

Analyse des modèles des bactéries résistantes dans les rivières

Imene Meriem Mostefaoui

Analyse des modèles des bactéries résistantes dans les rivières

Mathématiques et applications

Presses Académiques Francophones

Impressum / Mentions légales
Bibliografische Information der Deutschen Nationalbibliothek: Die Deutsche Nationalbibliothek verzeichnet diese Publikation in der Deutschen Nationalbibliografie; detaillierte bibliografische Daten sind im Internet über http://dnb.d-nb.de abrufbar.
Alle in diesem Buch genannten Marken und Produktnamen unterliegen warenzeichen-, marken- oder patentrechtlichem Schutz bzw. sind Warenzeichen oder eingetragene Warenzeichen der jeweiligen Inhaber. Die Wiedergabe von Marken, Produktnamen, Gebrauchsnamen, Handelsnamen, Warenbezeichnungen u.s.w. in diesem Werk berechtigt auch ohne besondere Kennzeichnung nicht zu der Annahme, dass solche Namen im Sinne der Warenzeichen- und Markenschutzgesetzgebung als frei zu betrachten wären und daher von jedermann benutzt werden dürften.

Information bibliographique publiée par la Deutsche Nationalbibliothek: La Deutsche Nationalbibliothek inscrit cette publication à la Deutsche Nationalbibliografie; des données bibliographiques détaillées sont disponibles sur internet à l'adresse http://dnb.d-nb.de.
Toutes marques et noms de produits mentionnés dans ce livre demeurent sous la protection des marques, des marques déposées et des brevets, et sont des marques ou des marques déposées de leurs détenteurs respectifs. L'utilisation des marques, noms de produits, noms communs, noms commerciaux, descriptions de produits, etc, même sans qu'ils soient mentionnés de façon particulière dans ce livre ne signifie en aucune façon que ces noms peuvent être utilisés sans restriction à l'égard de la législation pour la protection des marques et des marques déposées et pourraient donc être utilisés par quiconque.

Coverbild / Photo de couverture: www.ingimage.com

Verlag / Editeur:
Presses Académiques Francophones
ist ein Imprint der / est une marque déposée de
OmniScriptum GmbH & Co. KG
Heinrich-Böcking-Str. 6-8, 66121 Saarbrücken, Deutschland / Allemagne
Email: info@presses-academiques.com

Herstellung: siehe letzte Seite /
Impression: voir la dernière page
ISBN: 978-3-8416-2722-3

Je dédie ce travail à mes parents

Abdejlil Mostefaoui
&
Dalila Ferhah

Remerciements

J'exprime ma profonde gratitude à mon directeur de thèse, le professeur Mokhtar KIRANE qui m' a encadré durant ces trois années avec beaucoup de disponibilité et de gentillesse. Je le remercie pour son encouragement en toutes circonstances. J'ai pu bénéficier de ses larges connaissances, son esprit critique et sa vivacité d'esprit pour avancer toujours loin dans mes recherches. Il m'a guidé avec patience tout au long de cette thèse et j'ai beaucoup appris à son contact. Ses qualités, tant humaines que scientifiques furent également pour moi un apport inestimable. Je le remercie également pour la confiance qu'il m'a accordée.

Je remercie ma co-encadrante Madame Emmanuelle AUGERAUD-VERON pour sa gentillesse, sa disponibilité ainsi que pour les discussions que nous avons eues sur la modélisation des phénomènes biologiques.

Je tiens à remercier les professeurs B. AINSEBA et M. GUEDDA qui m'ont fait l'honneur de rapporter sur cette thèse. Je suis très heureuse qu'ils aient tous les deux accepté de faire partie de mon jury.
Je remercie énormément les professeurs F. BEN BELGACEM et H. EMAMIRAD qui m'ont fait un immense honneur d'avoir accepter de faire partie de ce jury.

Un grand remerciement pour l'équipe MIA qui m'a accueillie durant ces trois années et également la secrétaire S. PICQ pour son aide et et sa disponibilité.

J'en profite pour remercier toutes les personnes que j'ai rencontrées au cours de conférences et de séminaires avec eux j'ai partagé l'apprentissage et le voyage.

Je suis très reconnaissante envers le personnel administratif et technique de l'université de La Rochelle, les ingénieurs informatiques aussi que les secrétaires de l'école doctorale J. DE LA CORTE GOMEZ et I. HIRSCH.

Il y a des gens dont le regard vous améliore, mes amis qui sont nombreux, je les remercie pour les moments agréables que j'ai partagé avec eux et je dis merci qu'ils étaient toujours à mes côtés.

Mes plus profondes remerciements vont à mes parents. Je les remercie pour leurs prières pour moi. Merci qu'ils ont su croire en moi et qu'ils m'ont donné toutes les chances pour réussir. Malgré la distance, ils m'ont toujours poussée à donner le meilleur de moi-même. Merci également qu'ils m'ont accordé cette liberté de faire comme bon me semblait.
Un grand merci à mes frères et mes soeurs qui ont su être à mes côtés toujours pour

me soutenir, m'écouter et me donner la confiance en moi.

Résumé

L'objectif de cette thèse est l'étude qualitative de certains modèles de la dynamique et la distribution des bactéries dans une rivière. Il s'agit de la stabilité des états stationnaires et l'existence des solutions périodiques. Nous considérons, dans la première partie de la thèse, un système d'équations différentielles ordinaires qui modélise les interactions et la dynamique de quatre espèces de bactéries dans une rivière. Nous avons étudié le comportement asymptotique des états stationnaires. L'étude de la stabilité des états stationnaires est essentiellement faite par la construction d'une fonction de Lyapunov combiné avec le principe d'invariance de LaSalle. D'autre part, l'existence des solutions périodiques est démontrée en utilisant le théorème de continuation de Mawhin.

La deuxième partie de la thèse est consacrée à un système de convection-diffusion non-autonome et son étude, c'est un modèle qui tient compte du transport des bactéries. Nous étudions l'analyse qualitative des solutions, nous déterminons l'ensemble limite du système et nous démontrons l'existence des états stationnaires positives. L'étude de l'existence des états stationnaires est basée sur le théorème de Leray-Schauder. Les états stationnaires sont seuls états qui sont possibles à obtenir.

Mots clés

Systèmes dynamiques non-autonomes, existence globale, stabilité globale, méthodes de Lyapunov, solutions périodiques, biomathématiques, système de réaction-diffusion, théorie de degré topologique.

Liste de publications

1. I. M. Mostefaoui, Analysis of the model describing the number of antibiotic resistant bacteria in a polluted river, Math. Meth. App. Sci, DOI : 10.1002/mma.2949 (2013).

2. M. Kirane, I. M. Mostefaoui, A model describing the number of antibiotic-resistant bacteria in rivers, **publié dans le livre : Marine Coastal and water pollutions**, *Wiley* Juin 2014, ISBN : 9781848216921.

3. I. M. Mostefaoui, On a non-autonomous reaction-convection diffusion model to study the bacteria distribution in a river (**Soumis à International Journal of Biomathematics**)

Abstract

The objective of this thesis is the qualitative study of some models of the dynamic and the distribution of bacteria in a river. We are interested in the stability of equilibria and the existence of periodic solutions. The thesis can be divided into two parts; the first part is concerned with a mathematical analysis of a system of differential equations modelling the dynamics and the interactions of four species of bacteria in a river. The asymptotic behavior of equilibria is established. The stability study of equilibrium states is mainly done by construction of Lyapunov functions combined with LaSalle's invariance principle. On the other hand, the existence of periodic solutions is proved under certain conditions using the continuation theorem of Mawhin.

In the second part of this thesis, we propose a non-autonomous convection-reaction diffusion system with nonlinear reaction source functions. This model refers to the quantification and the distribution of antibiotic resistant bacteria (ARB) in a river. Our main contributions are : (i) the determination of the limit set of the system; it is shown that it is reduced to the solutions of the associated elliptic system; (ii) sufficient conditions for the existence of a positive solution of the associated elliptic system based on the Leray-Schauder's degree theory.

keywords

Non-autonomous dynamical systems, global existence, Lyapunov functions and stability, periodic solutions, mathematical biology, reaction-diffusion systems, degree theory.

Présentation dans des séminaires

- Avril 2012, 4 th international workshop anti-pollution Marine coastal water pollution, **Titre : Antibiotic resistant bacteria in a river**, EIGSI, La Rochelle, France.
- Novembre 2012, **Titre : Modélisation de la résistance bactérienne dans une rivière**, Séminaire du MIA Université de La Rochelle, La Rochelle, France.
- Décembre 2012, **Titre : La distribution des bactéries dans une rivière**, Séminaire du LMA Université de Poitiers, Poitiers, France.
- Septembre 2013, Journées MIA, **Titre : Dynamiques des bactéries dans une rivière**, La Rochelle, France.
- Septembre 2013, Ecole d'été M3D, **Title : Periodic solutions of the model describing the number of bacteria in the river**, île d'Oléron, France.
- Novembre 2013, Conférence CEMPI, **Présentation poster sur : Analysis of a model describing the number of antibiotic resistant bacteria in a polluted river**, Université Lille 1, Lille, France.
- Mai 2014, Colloque Inter'Action En Mathématiques, **Titre : Modèle convection-diffusion : Application à la distribution des bactéries**, Lyon, France.

Participation à des séminaires

- Mars 2012, **Ecole CIMPA : Nonlinear evolution equations and applications**, Hammamat, Tunisie.
- Novembre 2012, **Séminaire thématique : Energie et Technologies de l'information**, Limoges, France.
- Avril 2013, **Séminaire thématique : Mathématiques et modélisation**, Poitiers, France.
- Juin 2013, **Journées de modélisation BioMathématique, Mathématiques et modélisation**, Besançon, France.
- Novembre 2013, **SEME, 7ème semaine d'études maths et entreprises**, Université de Limoges-XLIM, France.
- Novembre 2013, **Journées Freefem++, Par F. Hecht**, La Rochelle, France.
- Janvier 2014, **SEME, 8ème semaine d'études maths et entreprises**, Université d'Orléans, France.
- Juin 2014, **Joint ICTP-TWAS School on Coherent State Transforms, Time-Frequency and Time-Scale Analysis, Applications**, Trieste, Italie.

Table des matières

CHAPITRE 1

Introduction

Depuis vingt ans, les autorités de santé sensibilisent le grand public à la résistance des bactéries aux antibiotiques, en raison des infections communautaires, i.e des infections qui se propagent au sein d'une population regroupée dans un espace relativement restreint et confiné, que provoquent des souches résistantes. Aujourd'hui, des stratégies thérapeutiques sont developpées, des mesures d'hygiène sont exigées, ainsi que le recours moins systématique aux antibiotiques pour réduire la résistance au sein des espèces bactériennes. Néanmoins, les souches résistantes continuent à se multiplier. Selon l'organisation mondiale de la santé (OMS), de plus en plus de médicaments essentiels deviennent inefficaces. Par ailleurs, d'après l'**ECDC** (European centre for disease prevention and control), la résistance d'Escherichia coli, bactérie fréquemment isolée par les laboratoires de biologie médicales, aux principaux antibiotiques continue à augmenter. Donc, les infections deviennent longues à traiter, coûteuses et les risques de transmission et de décès augmentent.

Des études récentes montrent la présence des souches résistantes responsables d'infections communautaires dans l'eau de robinet [Armstrong 1981, Kummerer 2004, Lévesque 1994, Xi 2009, Leclerc 2002, Barwick 2000]. D'un point de vue biologique, cette présence est liée à des pollutions agricoles des surfaces d'eaux utilisées pour la production de l'eau potable. En effet, les maladies infectieuses que provoquent les microorganismes pathogènes d'origine fécale ont été traitées depuis des années par des antibiotiques. Pourtant, l'usage massif des antibiotiques favorise l'émergence de souches résistantes. Ces antibiotiques sont utilisés en médecine humaine mais aussi intensivement en médecine vétérinaire. C'est pourquoi la résistance des bactéries aux antibiotiques dans les milieux aquatiques est associée aux rejets des fermes et des hopitaux.

La France est loin d'avoir atteint le bon état écologique et chimique des eaux conformément à une directive européenne. Depuis vingt ans, la qualité de l'eau est une préoccupation majeure des pouvoirs publics français. En effet, des millions d'euros ont été dépensés pour la purification de l'eau ; d'après une source ministérielle, le coût du traitement des excédents d'agriculture et d'élevage dissouts dans les eaux de surface est supérieur à 54 milliards d'euros par an [Bourfe-Riviere 2012].

Les rivières sont considérées comme une source essentielle de l'eau potable en France. Toutefois, les bactéries font partie de l'écosystème d'une rivière et celles qui provoquent des infections affectent la qualité des poissons de la rivière. C'est pourquoi, le premier indicateur de la qualité de l'eau d'une rivière est tributaire de la qualité de ses poissons. Selon le Conseil Supérieur de la Pêche, seulement 15% des rivières en France sont en bon état, tandis que 22% sont en très mauvais état.

L'étude des bactéries résistantes dans les rivières nécessite leur dénombrement d'une manière plus précise que la quantification par les méthodes traditionnelles existantes à l'heure actuelle. La modélisation mathématique permet d'une part d'évaluer totalement la quantité des bactéries dans une rivière, mais aussi caractériser leurs dynamiques et décrire les interactions qui existent entre elles.

Plusieurs modèles ont été proposés pour décrire le phénomène de résistance des bactéries. Le cas de la dynamique des bactéries résistantes dans les hopitaux a fait l'objet de diverses études mathématiques. Par exemple, [Austin 1999, D'Agata 2008, Webb 2005] ont proposé des modèles décrivant l'émergence des souches résistantes et la propagation des infections causées par celles-ci dans une population de patients dans un hôpital. D'autre part, [Chow 2007, D'Agata 2007, MacGowan 1983, Lipsitch 2000] ont étudié la transmission de la résistance bactérienne dans une population de patients sous un traitement antimicrobien. L'objectif était d'évaluer l'efficacité des antibiotiques utilisés et de développer, si nécessaire, parallèlement de nouveaux programmes thérapeutiques.

D'un autre côté, la modélisation de la persistance des souches résistantes dans un environnement a attiré l'attention de beaucoup de mathématiciens. Nous citons comme exemples les auteurs [Cooper 2011, Garet 2012, Zucca 2014] qui ont proposé des modèles afin de répondre à la question de savoir si les souches résistantes persistent malgré l'abandon de l'utilisation des antibiotiques.

Les bactéries dans les rivières, leur croissance, leur nombre, leurs mouvements, leur distribution, notamment leur résistance aux antibiotiques était le thème de quelques recherches, par exemple [Klapper 2010, Guven 2006, Steets 2003, Hellweger 2011, Hellweger 2013].

Une bonne modélisation de l'émergence, la diffusion et le nombre des bactéries résistantes dans une rivière prend en compte deux points essentiels :

- les interactions qui existent entre les bactéries, tels que le transfert du gène de résistance, le gène qui permet à la bactérie de se protéger contre les antibiotiques, la perte de celui-ci, ainsi que la reproduction suivant la capacité d'accueil de la rivière, en raison de la limitation de ressource,
- la possibilité d'entrée des bactéries provenant de la terre à travers les activités humaines le long du rivage.

Cette question de modélisation a été soulevée par **B. Lawrence, A. Mummert, C. Somerville (2010)**. Ceux-ci ont présenté un modèle défini par un système d'équations différentielles ordinaires non autonome qui estime la quantité des bactéries résistantes dans une rivière. Ils tiennent en compte la forte corrélation qui existe entre l'évolution de la résistance au sein des bactéries dans la rivière et les activités humaines le long du rivage. Le transfert horizontal du gène de résistance a été considéré. Le transfert horizontal se caractérise par l'acquisition par une souche sensible du gène de résistance suite à un échange de matériel génétique avec d'autres souches naturellement résistantes. Des simulations numériques de ce modèle ont été réalisées parallèlement avec des données réelles. Toutefois, aucune analyse mathématique n'a été faite sur le sujet.

Ces dernières décennies, l'étude de l'existence des solutions périodiques pour les systèmes d'équations différentielles non autonome a été un domaine de recherche intense. Pour les systèmes de dimension quelconque, une des méthodes les plus élégantes pour montrer l'existence de solutions périodiques est celle basée sur le théorème de continuation de Mawhin et la théorie du degré topologique. Par exemple, les auteurs [Arenas 2008, Arenas 2009, Bai 2011] ont utilisé cette méthode pour assurer l'existence de solutions périodiques pour des modèles épidémiologiques.

Ce travail de thèse s'appuie sur une analyse mathématique des modèles qui quantifient les bactéries résistantes dans une rivière avec l'hypothèse que celle-ci est exposée à un flux de microorganismes provenant de la terre. Dans une première partie, on étudie qualitativement le modèle présenté dans [Lawrence 2010], qu'on a noté (LMS), Lawrence-Mummert-Somerville. L'objectif est de mettre l'accent sur le phénomène des oscillations qui intervient en biologie et de chercher des solutions périodiques de (LMS). Pour ce faire, nous utilisons la méthode basée sur le théorème de continuation de Mawhin et la théorie du degré topologique.

Dans une deuxième partie, on prend en compte l'environnement. On suppose que la concentration des bactéries distribuée dans la rivière varie sous l'influence de quatre processus : les interactions entre les bactéries, la diffusion qui provoque la propagation des bactéries dans la rivière, la vitesse du courant d'eau qui transporte les bactéries de l'amont de la rivière jusqu'à la mer, enfin le flux des bactéries provenant de la terre. On propose ainsi un modèle défini par un système de convection-diffusion qu'on note (CDI). On s'intéresse à l'aspect qualitatif des solutions positives du système (CDI).

L'étude qualitative des systèmes de convection-diffusion a reçu beaucoup d'attention, en particulier la recherche des états d'équilibres. Les états d'équilibres sont souvent décrits comme des états asymptotiques atteints par des solutions du système parabolique. L'une des techniques rigoureuses pour montrer l'existence des états stationnaires pour les systèmes de convection-diffusion est celle fondée sur le théorème de Leray-Schauder. Dans [Lou 1999, Zhang 2004], les auteurs l'utilisent pour l'existence des états stationnaires des systèmes de réaction-diffusion de dimension deux. Dans cette thèse, on l'utilise afin de montrer l'existence d'au moins un équilibre positif du système (CDI) qui est de dimension quatre.

La thèse est organisée comme suit :

Dans le chapitre 2, la résistance des bactéries aux antibiotiques, son mécanisme, son évolution au cours de l'histoire, ses conséquences sont décrits. On montre comment les bactéries, avec un minimum d'éléments vitaux, sont pourtant remarquablement équipées pour exister, se multiplier et se défendre aux faces des antibiotiques.

Dans le chapitre 3, j'étudie le modèle (LMS). J'envisage d'abord le cas du système autonome qui lui est associé. Je prouve la stabilité globale des points stationnaires, *l'équilibre qui représente la persistance de la résistance dans la rivière*, mais aussi *l'équilibre qui signifie l'extinction des bactéries résistantes*. Je fais appel à la théorie de stabilité de Lyapunov rappelée dans l'annexe A qui consiste à trouver une fonction définie positive telle que sa dérivée le long des trajectoires solutions est définie négative. Dans un second cas, je considère le système non autonome (LMS) avec des entrées périodiques, c'est à dire quand les entrées des bactéries de la terre par les rives sont régulières. Je détermine les conditions d'existence de solutions périodiques pour le système. Pour ce faire, j'utilise le théorème de continuation de Mawhin mentionné dans l'annexe A.

Dans le chapitre 4, mon objectif est d'étudier un modèle mathématique spatio-temporel (CDI) qui prédit la distribution et le transport des bactéries dans la rivière dont la dynamique locale est déterminée par le système (LMS) et la dynamique spatiale est représentée par des termes de diffusion et de transport. J'établis l'existence globale des solutions. Je m'intéresse aussi à l'aspect qualitatif des solutions, en particulier l'existence des états solutions positives du système elliptique associé. Je propose des conditions d'existence de ceux-ci en utilisant le théorème de Leray-Schauder rappelé dans l'annexe A.

CHAPITRE 2

Résistance des bactéries aux antibiotiques

Sommaire

Une bonne modélisation nécessite une bonne compréhension du phénomène qu'on veut modéliser. La modélisation en microbiologie dépend donc des connaissances en biologie. C'est pourquoi nous consacrons ce chapitre à mettre en lumière les micro-organismes et les activités qui les caractérisent afin de mieux les connaître.

2.1 Phénomène de la résistance bactérienne aux antibiotiques

2.1.1 Historique

Témoin durant la première guerre mondiale d'un grand nombre de décès de soldats dus à des infections bactériennes, le médecin britanique Alexander Flemming engage des recherches sur la bactérie. C'est pourtant totalement par hasard qu'il trouvera le remède contre celle-ci. En été de 1928, le fameux scientifique part en vacances, après avoir lancer des cultures bactériennes. À son retour, Flemming découvre que les bactéries ont été colonisées par un champignon, la pénicilline. L'antibiotique était né. Les bactéries sont le remède au mal qu'elles causent. Cette propriété, l'industrie pharmaceutique s'en est emparée dès les années 1930-1940 et avec succès, plus d'une centaine de molécules antibiotiques ont ainsi été commercialisées.

Sauf que, les bactéries ne se sont pas laissées faire : elles ont su développer des mécanismes de résistance et c'était la fin du remède miracle. Les premiers cas d'infections

au staphylocoque résistant à la pénicilline ont apparu en 1947 ([Levy 1992]). Des années
plus tard, précisement à la fin de 1960, le pneumocoque, des souches communautaires
ont résisté aux pénicillines [Obaro 1996]. Depuis, ce phénomène s'est diffusé et intensifié.
Pendant les années 1970-80, apparaissent des souches multi-résistantes, c'est à dire résistantes à plusieurs antibiotiques [Levy 1992]. La résistance bactérienne a été observée
dès les premières années d'utilisation de chaque nouvel antibiotique.

2.1.2   Effets des antibiotiques sur les bactéries

Depuis la découverte des antibiotiques, ils en existent plus de 10000 connus aujour-
d'hui. Ils sont regroupés en une dizaine de familles, en fonction de leurs modes d'action.
Avant d'expliciter ces modes, nous remarquons qu'il y a une différence entre les cellules
humaines et les cellules bactériennes, en ce qui concerne la forme et la fonction. C'est
pourquoi les antibiotiques peuvent avoir un effet sur les bactéries sans endommager les
cellules humaines.

Les antibiotiques sont des molécules naturelles ou synthétiques qui possèdent une
activité antibactérienne. Cette activité dépend du type d'antibiotique. Par exemple, les
bêta-lactamines (une classe qui comprend la pénicilline découverte par Flemming et
aussi d'autres pénicillines telles que l'amoxicilline et la méticilline, ainsi que les céphalo-
sporines et les carbapénèmes) empêchent la bactérie de fabriquer correctement sa paroi
[Tidwell 2008]. Ce qui tue la bactérie lorsqu'elle est en phase de croissance. D'autres
classes d'antibiotiques, les polymyxines visent la membrane cytoplasmique qui sert de
lieu d'échange et de filtrage entre l'intérieur et l'extérieur. Les polymyxines s'introduisent
dans cette membrane et la déstabilisent, entraînant la mort des bactéries.

Les tétracyclines, une autre famille d'antibiotiques agissent sur les ribosomes des
bactéries. Ceux-ci décodent les gènes pour produire les protéines, indispensables au dé-
veloppement des bactéries. Pour leur part, les quinolones arrêtent la réplication de l'ADN
des bactéries, ce qui les empêchent de se diviser et de se multiplier [Guilfoile 2007].

2.1.3   Mécanisme de la résistance au sein des bactéries

Les antibiotiques ne sont pas toujours efficaces. Il existe des bactéries qui s'optimisent
pour lutter contre les attaques. En 1947, la résistance des bactéries à la pénicilline a été
remarquée. En effet, des souches bactériennes ont emis une enzyme inactivant chimique-
ment l'antibiotique. Différents mécanismes de résistance bactérienne ont été caractérisés,
certains généraux contre un large spectre d'antibiotiques et d'autres très spécifiques à
un seul.

Il y'a des bactéries qui ont réussi à diminuer la **perméabilité** de leur membrane, ce
qui empêche l'antibiotique de s'insérer [Pagès 2004]. Evidemment, ce mode de résistance
est basé sur l'empêchement de l'entrée d'antibiotique dans la cellule bactérienne. D'autres
sont capables de mettre au point des **pompes membranaires** qui brusquent la sortie des

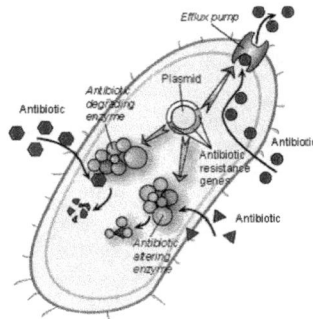

FIGURE 2.1 – Résumé des différents mécanismes d'antibiotiques (source : http ://www.scq.ubc.ca//Fan Sozzi).

composés toxiques. Il existe d'autres stratégies, des bactéries visent la **cible moléculaire** de l'antibiotique pour la rendre impuissante, (chaque antibiotique agit en se fixant sur une cible précise dans la cellule : paroi, ribosome,...) ou fabrique des enzymes capables d'endommager l'antibiotique.

On différencie deux types de résistance aux antibiotiques : la résistance naturelle et la résistance acquise. Certaines espèces bactériennes sont résistantes à certains antibiotiques. Par exemple, la résistance aux bêta-lactamines est due au bêta-lactamase, un enzyme qui hydrolyse la pénicilline. On parle ainsi de résistance **naturelle**. Cependant, il existe des souches bactériennes qui initialement sensibles aux antibiotiques acquièrent des mécanismes de résistance. On parle dans ce cas de la résistance **acquise** [Russell 1998]. Ce type de résistance est le bilan de modifications du génome bactérien, qui a pour origine une mutation génétique ou le résultat d'un échange de plasmides entre différentes souches ou espèces [Walsh 2003].

2.1.4 Coût biologique

L'acquisition du gène de résistance chez les bactéries initialement sensibles leur permet de survivre et de se multiplier en présence d'un antibiotique particulier. L'acquisition est le résultat d'échange d'éléments génétiques. Ces modifications du patrimoine génétique s'accompagnent souvent d'un coût biologique pour la bactérie, qui peut être une réduction de sa croissance.

Quand la bactérie reçoit des gènes de leur descendance ou de leurs partenaires sexuels, elle modifie son bagage génétique, ce qui entraîne pour la bactérie une réduction de sa compétitivité [Kempf 2012], [Andersson 2003]. L'analyse du coût biologique consiste souvent à évaluer cette réduction de compétitivité en l'absence de l'antibiotique et ce en

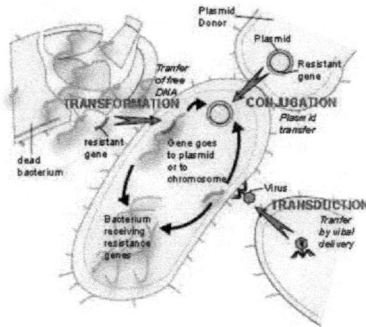

FIGURE 2.2 – Résumé des différents mécanismes d'acquisition de la résistance au sein des bactéries. (source : http ://www.scq.ubc.ca//Fan Sozzi).

comparant la croissance d'une souche sensible à une souche résistante.

D'un point de vue **microbiologique**, le **coût biologique** est caractérisé par la vitesse de croissance d'une colonie dans un environnement donné [Lenski 1991].

2.1.5   Persistance de la résistance bactérienne

Quand il s'agit de la résistance bactérienne acquise, on se pose la question de savoir si ces bactéries perdent les mécanismes de résistance lors de l'arrêt d'utilisation d'antibiotiques. Des recherches ont montré que l'absence des antibiotiques ne signifie pas nécessairement la disparition de la résistance [Kempf 2012].

Dans le paragraphe précédent, nous avons vu comment la résistance est accompagnée d'un coût biologique. Cependant, les bactéries ne se laissent pas toujours faire, elle peuvent développer des techniques qui leur permettent de récupérer leur compétitivité. Cette capacité d'adaptation, nous fait redouter la persistance des bactéries résistantes, même après avoir arrêter l'utilisation des antibiotiques [Andersson 2003].

Le coût biologique et les possibilités de compensation de ce coût sont des éléments essentiels de la stabilisation de la persistance de la résistance. Ces phénomènes nous persuadent donc qu'arrêter l'utilisation des antibiotiques ne veut pas dire la disparition des souches résistantes [Acar 1997], [Kempf 2012].

CHAPITRE 3

Modèle mathématique des bactéries résistantes aux antibiotiques dans une rivière

Sommaire

3.1   Introduction

Ce chapitre décrit une étude théorique d'un système dynamique non autonome estimant la quantité des bactéries résistantes dans une rivière. Tout d'abord, nous présentons les différentes étapes de la modélisation. Ensuite, nous nous intéressons à l'aspect qualitatif des solutions. Nous utilisons essentiellement les méthodes de Lyapunov pour établir les résultats de stabilité de ce modèle et le théorème de continuation de Mawhin pour démontrer l'existence de solutions périodiques.

Nous considérons deux classes de bactéries dans la rivière : des bactéries de la rivière « R » et des bactéries de la terre « L » qui entrent dans la rivière par le rivage. Par ailleurs, les bactéries dans la rivière se divisent en résistantes et non résistantes. Nous proposons ainsi les notations suivantes :

1. $R_s(t)$: concentration des bactéries de la rivière non résistantes à l'instant t.
2. $R_I(t)$: concentration des bactéries de la rivière résistantes à l'instant t.
3. $L_s(t)$: concentration des bactéries de la terre non résistantes à l'instant t.
4. $L_I(t)$: concentration des bactéries de la terre résistantes à l'instant t.

Dans tout ce qui suit, nous considérons la résistance bactérienne par rapport à la tetracycline, un antibiotique qui a été utilisée depuis plus de cinquante ans et jusqu'à présent ; il sert largement pour le traitement des infections bactériennes. La famille des tetracyclines inhibe la cellule bactérienne de fabriquer les protéines, ce qui entraîne sa mort (voir Chapitre 2 pour plus de détails). Notons que l'étude est la même pour tout autre antibiotique.

Dans le paragraphe suivant, nous présentons les différentes étapes de modélisation ainsi que les hypothèses biologiques considérées.

3.2 Présentation du modèle

Durant notre étude, nous supposons que la rivière est d'une seule dimension. Par ailleurs, la variable indépendante "t" représente le temps en amont de la rivière et est mesuré par heure. Quand le temps s'écoule, toutes les bactéries, à temps "t", sont transportées ensemble le long de la rivière, ce qui nous amène à croire que la distance doit être la variable indépendante. Nous admettons donc le fait que la distance en amont de la rivière peut être transformée en temps en amont de la rivière. Les différentes interactions que nous considérons sont présentées dans le schéma 3.1.

3.2.1 Reproduction et mortalité des bactéries

En tenant compte la limitation de nutriments dans la rivière, nous supposons que les populations bactériennes suivent une croissance logistique. Par ailleurs, les bactéries de la rivière s'adaptent naturellement à la vie dans la rivière, tandis que les bactéries de la terre entrent dans la rivière par les rives et ainsi ne s'adaptent pas à l'écosystème de la rivière. Mathématiquement, nous considérons un taux de mortalité supplémentaire des bactéries de la terre qui est plus grand que toute reproduction.

3.2.2 Transmission et perte du gène de résistance

Les bactéries se transmettent le gène de résistance, indépendamment de leurs types de la terre ou de la rivière, quand elles se mettent en contact. Ici, on considère la loi d'action de masse pour modéliser ce contact.

En revanche, une bactérie résistante peut perdre son gène de résistance, surtout dans une eau moins polluée [Gonzalo 1989]. Le taux de perte de gène est donc une fonction

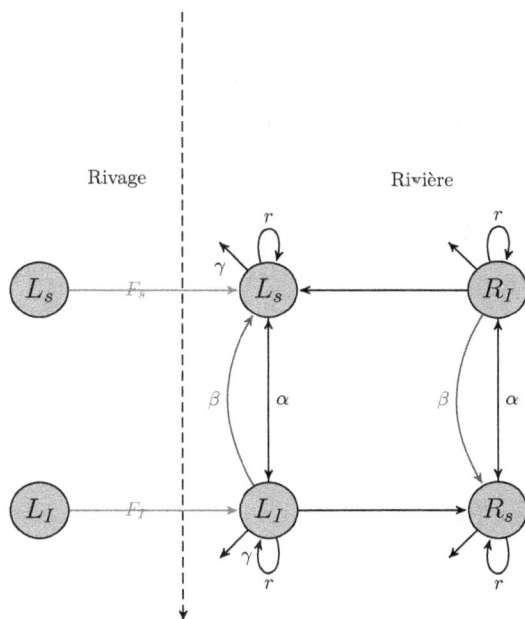

FIGURE 3.1 – Hypothèses du modèle

qui dépend de la concentration des bactéries de la terre $P(L)$ de façon qu' elle soit décroissante par rapport à L ; pour ce modèle on utilise la fonction $P(L) = \dfrac{\beta}{L+1}$.

3.2.3   Activités humaines au bord d'une rivière

Des études ont naturellement lié la présence des bactéries résistantes dans une rivière à la pollution le long des rives. En effet, les effluents hospitaliers (antibiotiques) ainsi que les effluents domestiques (les bactéries fécales) sont considérés comme source de contamination dans les rivières [Cooke 1976], [Raloff 1999]. La rivière est influencée sous l'effet des rejets hospitaliers et des rejets des fermes.

Soient $\omega = R_s + R_I + L_s + L_I$, $R = R_s + R_I$ et $L = L_s + L_I$. Les considérations évoquées plus haut se traduisent par le système (LMS) suivant :

$$\frac{dR_s}{dt} = -\alpha R_s(R_I + L_I) + \left(\frac{\beta R_I}{L+1}\right) + r\left(1 - \frac{\omega}{K}\right)R_s, \tag{3.1}$$

$$\frac{dR_I}{dt} = \alpha R_s(R_I + L_I) - \frac{\beta R_I}{L+1} + r\left(1 - \frac{\omega}{K}\right)R_I, \tag{3.2}$$

$$\frac{dL_s}{dt} = F_s(t) - \gamma L_s - \alpha L_s(R_I + L_I) + \frac{\beta L_I}{L+1} + r\left(1 - \frac{\omega}{K}\right)L_s, \tag{3.3}$$

$$\frac{dL_I}{dt} = F_I(t) - \gamma L_I + \alpha L_s(R_I + L_I) - \frac{\beta L_I}{L+1} + r\left(1 - \frac{\omega}{K}\right)L_I, \tag{3.4}$$

où $F_s(t)$ et $F_I(t)$ sont des fonctions positives, appartenant à $C(\mathbb{R}_+)$, représentant les taux d'entrée des bactéries de la terre par le rivage. Par ailleurs, $F_s \leq a$ et $F_I \leq b$, pour $a > 0$ et $b > 0$. Les paramètres du modèles sont représentés dans le tableau 3.1. Dans tout ce qui suit, le taux de mortalité des bactéries de la terre est supposé plus grand que toute reproduction : $\gamma > r$.

TABLE 3.1 – Paramètres du modèle

Paramètre	Description	Dimension	
α	le taux de transfert de gène de résistance	temps^{-1} concentration^{-1}	$\times$
β	le taux de perte de gène de résistance	concentration temps^{-1}	$\times$
γ	le taux de mortalité des bactéries de la terre	temps^{-1}	
r	le taux de naissance-mortalité dû à K	temps^{-1}	
K	la capacité d'accueil	concentration	
F_s	le taux d'entrée des bactéries non-résistantes de la terre	concentration temps^{-1}	$\times$
F_I	le taux d'entrée des bactéries résistantes de la terre	concentration temps^{-1}	$\times$

Nous utiliserons les notations u, v, w et z à la place de R_s, R_I, L_s et L_I. Le système (LMS) s'écrit alors

$$u'(t) = -\alpha u(v + z) + \frac{\beta v}{L+1} + r\left(1 - \frac{\omega}{K}\right)u, \tag{3.5}$$

$$v'(t) = \alpha u(v + z) - \frac{\beta v}{L+1} + r\left(1 - \frac{\omega}{K}\right)v, \tag{3.6}$$

$$w'(t) = F_s(t) - \gamma w - \alpha w(v + z) + \frac{\beta z}{L+1} + r\left(1 - \frac{\omega}{K}\right)w, \tag{3.7}$$

$$z'(t) = F_I(t) - \gamma z + \alpha w(v + z) - \frac{\beta z}{L+1} + r\left(1 - \frac{\omega}{K}\right)z. \tag{3.8}$$

3.3   Etude du modèle

3.3.1   Existence et unicité

Le modèle (LMS) est un système d'équations différentielles non linéaires, non autonome du premier ordre de la forme :

$$U'(t) = F(U(t), t),$$

où

$$U(t) = \begin{pmatrix} u(t) \\ v(t) \\ z(t) \\ w(t) \end{pmatrix}$$

et F est la fonction continue de $\mathbb{R}_+ \times \mathbb{R}_+^4$ dans $\mathbb{R}^4$ définie par :

$$
\begin{aligned}
F(U(t), t) &= \begin{pmatrix} F_1(t, u, v, w, z) \\ F_2(t, u, v, w, z) \\ F_3(t, u, v, w, z) \\ F_4(t, u, v, w, z) \end{pmatrix} \\
&= \begin{pmatrix}
-\alpha u(v + z) + \dfrac{\beta v}{L+1} + r\left(1 - \dfrac{\omega}{K}\right)u \\
\alpha u(v + z) - \dfrac{\beta v}{L+1} + r\left(1 - \dfrac{\omega}{K}\right)v \\
F_s(t) - \gamma w - \alpha w(v + z) + \dfrac{\beta z}{L+1} + r\left(1 - \dfrac{\omega}{K}\right)w \\
F_I(t) - \gamma z + \alpha w(v + z) - \dfrac{\beta z}{L+1} + r\left(1 - \dfrac{\omega}{K}\right)z
\end{pmatrix}.
\end{aligned}
$$

F étant de classe $\mathcal{C}^\infty$ par rapport à U, donc localement lipschitzienne par rapport à U sur $\mathbb{R}_+^4$. Par ailleurs, F est continue par rapport à t, ce qui implique l'existence et l'unicité d'une solution maximale du problème de Cauchy associé au système différentiel (LMS) sur $[0, T_{max})$, où $T_{max} > 0$, pour une condition initiale $U_0 \in \mathbb{R}_+^4$ (voir Théorème A.1.1 Annexe A). Biologiquement, les seules solutions significatives sont les solutions positives. Nous limiterons donc notre étude sur $\mathbb{R}_+^4$.

3.3.2   Positivité et limitation des solutions

Proposition 3.3.1 *Soit $(u_0, v_0, w_0, z_0) \in \mathbb{R}_+^4$ et $U = (u, v, w, z)$ une solution maximale du problème de Cauchy associé à (LMS) sur $[0, T_{max})$ $(T_{max} > 0)$ de condition initiale (u_0, v_0, w_0, z_0). Alors,*

$$\text{pour tout} \quad t \in [0, T_{max}), \quad U(t) \in \mathbb{R}_+^4.$$

Démonstration : Soit $(u, v, w, z) \in \mathbb{R}_+^4$ la solution maximale de (LMS), assujettie à la condition initiale (u_0, v_0, w_0, z_0). On définit I_1, I_2, I_3 et I_4 sur $\mathbb{R}_+$ comme suit

$$I_1(t) = \int_0^t \left(-\alpha(v+z) + r\left(1 - \frac{u+v+w+z}{K} \right) \right) d\xi, \tag{3.9}$$

$$I_2(t) = \int_0^t \left(\alpha u - \frac{\beta}{w+z+1} + r\left(1 - \frac{u+v+w+z}{K} \right) \right) d\xi, \tag{3.10}$$

$$I_3(t) = -\gamma t + \int_0^t \left(-\alpha(v+z) + r\left(1 - \frac{u+v+w+z}{K} \right) \right) d\xi, \tag{3.11}$$

$$I_4(t) = -\gamma t + \int_0^t \left(\alpha w - \frac{\beta}{w+z+1} + r\left(1 - \frac{u+v+w+z}{K} \right) \right) d\xi. \tag{3.12}$$

Alors, par intégration la solution se présente de la façon suivante :

$$u(t) = e^{I_1(t)} \left(u_0 + \int_0^t \left(\frac{\beta v(\xi)}{w(\xi) + z(\xi) + 1} \right) e^{-I_1(\xi)} d\xi \right), \tag{3.13}$$

$$v(t) = e^{I_2(t)} \left(v_0 + \int_0^t \alpha u(\xi) z(\xi) e^{-I_2(\xi)} d\xi \right), \tag{3.14}$$

$$w(t) = e^{I_3(t)} \left(w_0 + \int_0^t \left(\frac{\beta z(\xi)}{w(\xi) + z(\xi) + 1} + F_s(\xi) \right) e^{-I_3(\xi)} d\xi \right), \tag{3.15}$$

$$z(t) = e^{I_4(t)} \left(z_0 + \int_0^t \left(\alpha w(\xi) R_I(\xi) + F_I(\xi) \right) e^{-I_4(\xi)} d\xi \right). \tag{3.16}$$

Comme la solution est continue, il existe un $\tilde{t} > 0$ tel que

$$(u(t), v(t), w(t), z(t)) \in \mathbb{R}_+^4, \quad \text{pour tout} \quad t \in (0, \tilde{t}).$$

Si on suppose par l'absurde l'existence d'un τ fini défini par

$$\tau = \min \left\{ \tilde{t} + \varepsilon \in [0, T_{max}) : \varepsilon > 0, \ (u(t+\varepsilon), v(t+\varepsilon), w(t+\varepsilon), z(t+\varepsilon)) \notin \mathbb{R}_+^4 \right\},$$

alors d'après (3.13), (3.14), (3.15) et (3.16), on obtient $u(\tau) \geq 0$, $v(\tau) \geq 0$, $w(\tau) \geq 0$ et $z(\tau) \geq 0$. Ce qui contredit la définition de τ.

$\square$

Lemme 3.3.2 *L'ensemble*

$$A = \left\{ (u, v, w, z) \in \mathbb{R}_+^4 : u+v \leq K, \ w+z \leq \frac{a+b}{\gamma-r} \right\}$$

est invariant par le système (LMS).

Démonstration : Soit $(u, v, w, z) \in \mathbb{R}_+^4$ la solution maximale associée à (LMS) sur $[0, T_{max})$ assujettie à la condition initiale $U(0) = (u_0, v_0, w_0, z_0) \in A$. D'après la Proposition 3.3.1, $u(t)$, $v(t)$, $w(t)$ et $z(t)$ sont positives. On va montrer que pour tout $t \in [0, T_{max})$, $u(t) + v(t) \leq K$ et $w(t) + z(t) \leq \dfrac{a+b}{\gamma - r}$. En effet, la fonction $R = u + v$ satisfait à l'équation

$$\begin{aligned} \frac{dR}{dt} &= r\left(1 - \frac{R+L}{K}\right)R \\ &\leq r\left(1 - \frac{R}{K}\right)R. \end{aligned}$$

Par conséquent, après intégration,

$$R(t) \leq \frac{Ke^{rt}}{e^{rt} + MK},$$

où $M = \dfrac{K - R(0)}{KR(0)}$. Par ailleurs, la fonction $L = w + z$ satisfait à l'équation

$$\begin{aligned} \frac{dL}{dt} &= F_s + F_I - \gamma L + r\left(1 - \frac{\omega}{K}\right)L \\ &\leq a + b - (\gamma - r)L. \end{aligned}$$

On en déduit par intégration que

$$L(t) \leq \frac{a+b}{\gamma - r} + \left(L(0) - \frac{a+b}{\gamma - r}\right)e^{-(\gamma - r)t}, \tag{3.17}$$

d'où

$$w(t) + z(t) \leq \frac{a+b}{\gamma - r}.$$

Ce qui achève la démonstration.

$\square$

Corollaire 3.3.3 *Soit* $U(0) = U_0 \in \mathbb{R}_+^4$, *la solution maximale* $U(t) = (u(t), v(t), w(t), z(t))$ *du problème de Cauchy relatif à (LMS) de condition initiale* U_0 *est globale.*

Démonstration : En effet, soit $U(t) = (u(t), v(t), w(t), z(t))$ la solution maximale du problème de Cauchy relatif à (LMS) de condition initiale U_0. D'après la Proposition 3.3.1 et le Lemme 3.3.2, $U(t)$ est bornée. Ce qui entraîne qu'elle est globale (voir Théorème A.1.3 Annexe A).

$\square$

3.3.3 Etude qualitative du système autonome associé

Dans ce paragraphe, nous allons étudier le système autonome associé à (LMS). Nous limitons donc notre étude au cas où $F_s \equiv F_I \equiv 0$. Cette étape nous permet de comprendre le phénomène de résistance bactérienne dans une rivière, ainsi que les interactions entre les bactéries et ceci en l'absence des effets externes, c'est à dire les activités humaines au bord de la rivière.

Points d'équilibres

Proposition 3.3.4 *Le système (3.18) admet les points d'équilibre $E_0(0,0,0,0)$ et $E_1 = (K,0,0,0)$. Si de plus $\beta < \alpha/K$, $E_2 = (\beta/\alpha, K - \beta/\alpha, 0, 0)$ est un point d'équilibre de (LMS).*

Démonstration : Chercher les points d'équilibres de (LMS) revient à résoudre le système suivant :

$$
\begin{cases}
u' = 0, \\
v' = 0, \\
w' = 0, \\
z' = 0,
\end{cases}
\Rightarrow
\begin{cases}
-\alpha u(v+z) + \dfrac{\beta v}{L+1} + r\left(1 - \dfrac{\omega}{K}\right) u = 0, \\[2mm]
\alpha u(v+z) - \dfrac{\beta v}{L+1} + r\left(1 - \dfrac{\omega}{K}\right) v = 0, \\[2mm]
-\gamma w - \alpha w(v+z) + \dfrac{\beta z}{L+1} + r\left(1 - \dfrac{\omega}{K}\right) w = 0, \\[2mm]
-\gamma z + \alpha w(v+z) - \dfrac{\beta z}{L+1} + r\left(1 - \dfrac{\omega}{K}\right) z = 0.
\end{cases}
\tag{3.18}
$$

Il est évident que $(0,0,0,0)$ vérifie le système algébrique (3.18). Par ailleurs, la somme des deux premières équations de (3.18) donne

$$
(u+v)\left(1 - \frac{\omega}{K}\right) = 0;
$$

d'où $u \equiv v \equiv 0$ ou $\omega = K$. De même, en faisant la somme des deux dernières équations de (3.18), on obtient

$$
-\gamma L + r\left(1 - \frac{\omega}{K}\right) L = 0 \Leftrightarrow L\left[-\gamma + r\left(1 - \frac{\omega}{K}\right)\right] = 0;
$$

d'où deux cas sont possibles,

- si $u \equiv v \equiv 0$, alors $L = -\dfrac{\gamma - r}{r} K < 0$, donc on élimine ce cas.
- Si $\omega = K$, alors $w \equiv z \equiv 0$.

En remplaçant $\omega = K$, $w = 0$ et $z = 0$ dans la première équation de (3.18), on obtient

$$-\alpha uv + \beta v = 0,$$

ce qui implique que $v = 0$ ou $u = \beta/\alpha$.
  – Si $v = 0$, alors $u = K$.
  – Si $u = \beta/\alpha$, on a $v = K - \beta/\alpha$.

$\square$

Proposition 3.3.5 *Soit (u, v, w, z) la solution de (LMS) assujettie à la condition initiale $(u_0, v_0, w_0, z_0) \in \mathbb{R}_+^4$. Alors,*

$$\lim_{t \to +\infty} R(t) = K \quad et \quad \lim_{t \to +\infty} L(t) = 0.$$

Démonstration : La fonction $L = w + z$ satisfait à l'équation

$$\begin{aligned} L'(t) &= -\gamma L + r\left(1 - \frac{\omega}{K}\right)L \\ &\leq -(\gamma - r)L, \end{aligned}$$

d'où, par intégration,

$$L(t) \leq L(0)e^{-(\gamma - r)t};$$

ce qui implique que

$$\lim_{t \to +\infty} L(t) = 0. \tag{3.19}$$

Ainsi, pour un $\varepsilon > 0$ arbitrairement fixé, il existe $\bar{t} > 0$ tel que, pour tout $t \geq \bar{t}$, on a $L(t) \leq \varepsilon$.

D'autre part, la fonction $R = u + v$ vérifie

$$R'(t) = rR\left(1 - \frac{R + L}{K}\right).$$

Par conséquent, pour tout $t \geq \bar{t}$, on a

$$\begin{aligned} R'(t) &\geq rR\left(1 - \frac{R}{K} - \frac{\varepsilon}{K}\right) \\ &\geq r\left(1 - \frac{\varepsilon}{K}\right)R\left(1 - \frac{R}{K\left(1 - \frac{\varepsilon}{K}\right)}\right). \end{aligned}$$

Grâce au théorème de comparaison [Rouche 1973], on a pour tout $t \geq \tilde{t}$, $R(t) \geq \tilde{R}(t)$, où $\tilde{R}$ est la solution du problème de Cauchy suivant

$$\tilde{R}'(t) = r\left(1 - \frac{\varepsilon}{K}\right)\tilde{R}\left(1 - \frac{\tilde{R}}{K\left(1 - \frac{\varepsilon}{K}\right)}\right),$$

$$\tilde{R}(0) = R(0) > 0.$$

D' où

$$\liminf_{t \to +\infty} R(t) \geq K - \varepsilon,$$

pour tout $\varepsilon > 0$; donc

$$\liminf_{t \to +\infty} R(t) \geq K.$$

Par ailleurs,

$$R'(t) \leq rR\left(1 - \frac{R}{K}\right).$$

De même par comparaison, on obtient

$$\limsup_{t \to +\infty} R(t) \leq K,$$

ainsi

$$\lim_{t \to +\infty} R(t) = K. \tag{3.20}$$

$\square$

Ici on ne s'intéresse qu'à l'étude des points d'équilibres E_1 et E_2. Etant donné la présence permanente des bactéries dans une rivière, le point stationnaire E_0 n'a aucune signification biologique.

Stabilité locale des points d'équilibres

Proposition 3.3.6 *Le point d'équilibre E_1 est localement asymptotiquement stable si et seulement si $\alpha K < \beta$.*

Démonstration : La stabilité locale de E_1 est donnée par la matrice jacobienne du système (LMS) évalué en ce point, $DF(E_1)$. On a

$$
DF(E_1) = \begin{pmatrix}
\dfrac{\partial F_1}{\partial u}(E_1) & \dfrac{\partial F_1}{\partial v}(E_1) & \dfrac{\partial F_1}{\partial w}(E_1) & \dfrac{\partial F_1}{\partial z}(E_1) \\[2mm]
\dfrac{\partial F_2}{\partial u}(E_1) & \dfrac{\partial F_2}{\partial v}(E_1) & \dfrac{\partial F_2}{\partial w}(E_1) & \dfrac{\partial F_2}{\partial z}(E_1) \\[2mm]
\dfrac{\partial F_3}{\partial u}(E_1) & \dfrac{\partial F_3}{\partial v}(E_1) & \dfrac{\partial F_3}{\partial w}(E_1) & \dfrac{\partial F_3}{\partial z}(E_1) \\[2mm]
\dfrac{\partial F_4}{\partial u}(E_1) & \dfrac{\partial F_4}{\partial v}(E_1) & \dfrac{\partial F_4}{\partial w}(E_1) & \dfrac{\partial F_4}{\partial z}(E_1)
\end{pmatrix}
$$

$$
= \begin{pmatrix}
-r & -\alpha K + \beta - r & -r & -\alpha K - r \\
0 & \alpha K - \beta & 0 & \alpha K \\
0 & 0 & -\gamma & \beta \\
0 & 0 & 0 & -\gamma - \beta
\end{pmatrix}.
$$

Comme, $r > 0$, $\gamma > 0$ et $\alpha K < \beta$, alors toutes les valeurs propres de $D(F)(E_1)$: $\lambda_1 = -r$, $\lambda_2 = \alpha K - \beta$, $\lambda_3 = -\gamma$ et $\lambda_1 = -\gamma - \beta$ sont négatives, d'où E_1 est localement asymptotiquement stable pour le système (LMS) (voir le Théorème A.2.4). Cependant, si $\alpha K \geq \beta$, $D(F)(E_1)$ a une valeur propre positive ou nulle ; par conséquent E_1 n'est pas localement asymptotiquement stable.

$\square$

Proposition 3.3.7 *Le point d'équilibre E_2 est localement asymptotiquement stable pour le système (LMS) si et seulement si $\beta < \alpha K$.*

Démonstration : Le système linéaire associé à (LMS) autour de E_2 est

$$
DF(E_1) = \begin{pmatrix}
\dfrac{\partial F_1}{\partial u}(E_2) & \dfrac{\partial F_1}{\partial v}(E_2) & \dfrac{\partial F_1}{\partial w}(E_2) & \dfrac{\partial F_1}{\partial z}(E_2) \\[2mm]
\dfrac{\partial F_2}{\partial u}(E_2) & \dfrac{\partial F_2}{\partial v}(E_2) & \dfrac{\partial F_2}{\partial w}(E_2) & \dfrac{\partial F_2}{\partial z}(E_2) \\[2mm]
\dfrac{\partial F_3}{\partial u}(E_2) & \dfrac{\partial F_3}{\partial v}(E_2) & \dfrac{\partial F_3}{\partial w}(E_2) & \dfrac{\partial F_3}{\partial z}(E_2) \\[2mm]
\dfrac{\partial F_4}{\partial u}(E_2) & \dfrac{\partial F_4}{\partial v}(E_2) & \dfrac{\partial F_4}{\partial w}(E_2) & \dfrac{\partial F_4}{\partial z}(E_2)
\end{pmatrix}
$$

$$
= \begin{pmatrix}
\eta_1 & -\dfrac{r\beta}{\alpha K} & \eta_2 & -\beta + \eta_2 \\[2mm]
-\eta_1 - r & -r + \dfrac{r\beta}{\alpha K} & -\eta_2 - r & \beta - \eta_2 \\[2mm]
0 & 0 & -\gamma - \alpha K + \beta & \beta \\[2mm]
0 & 0 & \alpha K - \beta & -\gamma - \beta
\end{pmatrix},
$$

où on a posé $\eta_1 = -\alpha K + \beta - \dfrac{r\beta}{\alpha K}$ et $\eta_2 = -\beta\left(K - \dfrac{\beta}{\alpha}\right) - \dfrac{r\beta}{\alpha K}$.

Le polynôme caractéristique de $DF(E_2)$ est donné par

$$
P(\lambda) = \left[\left(\lambda + \alpha K - \beta + \dfrac{r\beta}{\alpha K}\right)\left(\lambda + r - \dfrac{\beta r}{\alpha K}\right) + \dfrac{\beta r}{\alpha K}\left(\alpha K - \beta - r + \dfrac{\beta r}{\alpha K}\right)\right]
$$
$$
[(\gamma + \alpha K - \beta + \lambda)(\lambda + \beta + \gamma) - \beta(\alpha K - \beta)].
$$

L'équation $P(\lambda) = 0$ admet $\lambda_1 = -\gamma < 0$, $\lambda_2 = -\gamma - \alpha K < 0$, $\lambda_3 = -r < 0$ et $\lambda_4 = -\alpha K + \beta < 0$ comme solutions. Ainsi, E_2 est localement asymptotiquement stable.

$\square$

Stabilité globale des points d'équilibres

Dans cette partie, nous étudions la stabilité globale des points d'équilibres E_1 et E_2 de système (LMS). En effet, il est intéressant de caractériser l'extinction et la persistance des bactéries résistantes dans la rivière.

Soient C_1, C_2, C_3 et C_4 des constantes positives, satisfaisant aux conditions suivantes

$$
C_1 \geq Max\{C_2, C_3, C_4\}, \tag{3.21}
$$
$$
C_4 \geq C_3. \tag{3.22}
$$

Rappelons que, pour un $\varepsilon > 0$ fixé, il existe $\bar{t} > 0$ tel que pour tout $t \geq \bar{t}$, on a $L(t) \leq \varepsilon$. Nous avons le théorème suivant.

Théorème 3.3.8 *Si $\alpha K < \beta$ et la condition suivante*

$$C_1 \alpha K + \varepsilon \alpha (C_4 - C_3) < min \left\{ \frac{\beta}{\varepsilon + 1} C_1, \frac{\beta}{\varepsilon + 1}(C_4 - C_3) + \gamma C_4 \right\} \tag{3.23}$$

est vérifiée, alors E_1 est globalement asymptotiquement stable dans A (A donné par le Lemme 3.3.2).

Démonstration : Afin de démontrer la stabilité globale de E_1, nous utilisons la fonction de Lyapunov $V : \mathbb{R}^4 \longrightarrow \mathbb{R}$ définie par

$$V(u, v, w, z) = C_1 \left(u - K - K ln \left(\frac{u}{K} \right) \right) + C_2 v + C_3 w + C_4 z.$$

Notons que dans B, la fonction V satisfait à

$$V(E_1) = 0, \quad \text{et pour tout} \quad (u, v, w, z) \in B \backslash \{ E_1 \}, \quad V(u, v, w, z) > 0.$$

d'où, V est bien définie. La dérivée de V le long des solutions du système (LMS), munies d'une condition initiale dans A, est

$$
\begin{aligned}
\dot{V}(u, v, w, z) &= -\alpha C_1 (u - K)(v + z) + C_1 \frac{\beta}{w + z + 1} \frac{v}{u}(u - K) + C_2 \alpha u(v + z) \\
&\quad -C_2 \frac{\beta}{w + z + 1} v + C_1 r (u - K) \left(1 - \frac{\omega}{K} \right) + C_2 r \left(1 - \frac{\omega}{K} \right) v \\
&\quad -C_3 \alpha w(v + z) + \frac{\beta}{w + z + 1} C_3 z + C_4 \alpha w(v + z) - \frac{\beta}{w + z + 1} z C_4 \\
&\quad + C_3 r w \left(1 - \frac{\omega}{K} \right) + r C_4 z \left(1 - \frac{\omega}{K} \right) - \gamma C_3 w - \gamma C_4 z \\[2mm]
&= (r(K - u)\alpha C_1 + C_2 \alpha u) v - \frac{\beta v}{w + z + 1} \left(C_2 - C_1 + \frac{K}{u} C_1 \right) \\
&\quad + (C_1 \alpha(K - u) + C_2 \alpha u) z + \alpha w(C_4 - C_3)z - \frac{\beta}{w + z + 1}(C_4 - C_3)z \\
&\quad + r (C_1 u + C_2 v + C_3 w + C_4 z - C_1 K) \left(1 - \frac{\omega}{K} \right) - \gamma C_3 w - \gamma C_4 z \\
&\quad + \alpha w(C_4 - C_3)v \\[2mm]
&= \left[\alpha C_1 (K - u) + \alpha C_2 u + \alpha w(C_4 - C_3) - \frac{\beta}{w + z + 1} \left(\frac{K}{u} C_1 - C_1 + C_2 \right) \right] v \\
&\quad + \left[\alpha C_1 (K - u) + \alpha C_2 u + \alpha w(C_4 - C_3) - \frac{\beta}{w + z + 1}(C_4 - C_3) - \gamma C_4 \right] z \\
&\quad + r (C_1 u + C_2 v + C_3 w + C_4 z - C_1 K) \left(1 - \frac{u}{K} \right) - \gamma C_3 w.
\end{aligned}
$$

Si $C_1 = C_2$, alors de (3.21) et (3.22), on obtient

$$\dot{V}(u,v,w,z) \leq \left[\alpha C_1 K + \varepsilon\alpha(C_4 - C_3) - \frac{\beta}{\varepsilon+1}C_1\right]v$$

$$+ \left[\alpha C_1 K + \alpha\varepsilon(C_4 - C_3) - \frac{\beta}{\varepsilon+1}(C_4 - C_3) - \gamma C_4\right]z$$

$$+ r\left(1 - \frac{\omega}{K}\right)C_1(\omega - K) - \gamma C_3 w \leq 0.$$

D'autre part, il est clair que

$$\dot{V}(u,v,w,z) = 0 \iff u = K, \ v = w = z = 0;$$

i.e, V est une fonction de Lyapunov stricte, d'après le principe d'invariance de LaSalle (voir Annexe A Théorème A.2.9), E_1 est globalement asymptotiquement stable dans A.

$\square$

Théorème 3.3.9 *Si $\alpha K + r < \beta$, alors toute solution de (LMS) munie d'une condition initiale $(u_0, v_0, w_0, z_0) \in \mathbb{R}_+^4$ vérifie*

$$\lim_{t\to+\infty} u(t) = K, \quad \lim_{t\to+\infty} v(t) = \lim_{t\to+\infty} w(t) = \lim_{t\to+\infty} z(t) = 0.$$

Démonstration : Tout d'abord, de (3.19) et (3.20), on a pour tout $\varepsilon > 0$ arbitrairement fixé,

$$R(t) \geq K - \varepsilon, \quad \text{pour tout} \quad t \geq t_1, \quad (3.24)$$

$$L(t) \leq \varepsilon, \quad \text{pour tout} \quad t \geq t_2; \quad (3.25)$$

pour certains $t_1 > 0$ et $t_2 > 0$. En utilisant les inégalités précédentes, la deuxième équation de (LMS) donne, pour tout $t \geq \max\{t_1, t_2\} = \hat{t}$

$$v'(t) = \alpha u(v+z) - \frac{\beta}{L+1}v + rv\left(1 - \frac{\omega}{K}\right)$$

$$\leq \alpha K(v+\varepsilon) - \frac{\beta}{\varepsilon+1}v + rv$$

$$\leq \left(\alpha K\varepsilon - \frac{\beta}{\varepsilon+1} + r\right)v + \alpha K\varepsilon.$$

En intégrant ensuite cette inégalité sur $[\hat{t}, +\infty)$, on a

$$v(t) \leq \frac{\alpha K}{\eta}\varepsilon + e^{-\eta(t-\hat{t})}\left(y(\hat{t}) + \frac{\alpha K\varepsilon}{\eta}\right),$$

où $\eta = \dfrac{\beta}{\varepsilon+1} - \alpha K \varepsilon - r$. Alors, pour ε assez petit, on obtient

$$\limsup_{t\to+\infty} v(t) \le \frac{\alpha K}{\eta}\varepsilon,$$

d'où

$$\lim_{t\to+\infty} v(t) = 0.$$

Par conséquent,

$$\lim_{t\to+\infty} u(t) = \lim_{t\to+\infty} (R(t) - v(t)) = K.$$

$\square$

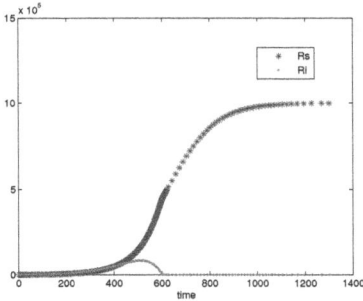

(a) Dynamiques de R_s et R_I (b) Dynamiques de L_s et L_I

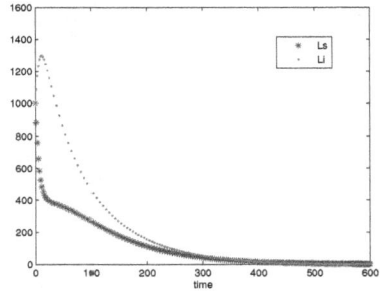

FIGURE 3.2 – Dynamiques des bactéries résistantes et des bactéries non-résistantes de la rivière et de la terre, pour $\alpha = 0.00006$, $\beta = 100$, $\gamma = 0.02$, $r = 0.01$ et $K = 10^6$.

Théorème 3.3.10 *Soit $(u(t), v(t), w(t), z(t))$ une solution de (LMS) munie de la condition initiale $(u_0, v_0, w_0, z_0) \in \mathbb{R}_+^4$. Si $K > \dfrac{\beta}{\alpha} + 1$, alors on a*

$$\lim_{t\to+\infty} u(t) = \frac{\beta}{\alpha}, \quad \lim_{t\to+\infty} v(t) = K - \frac{\beta}{\alpha}, \quad \lim_{t\to+\infty} w(t) = \lim_{t\to+\infty} z(t) = 0.$$

Démonstration : Tout d'abord, on en déduit de (3.19) que

$$\lim_{t \to +\infty} w(t) = \lim_{t \to +\infty} z(t) = 0.$$

Par ailleurs, de (3.19) et (3.20), pour $\varepsilon > 0$ arbitrairement fixé, il existe $t_1 > 0$, $t_2 > 0$ et $t_3 > 0$, tels que

$$K - \varepsilon \leq R(t) \leq K + \varepsilon, \quad \forall t \geq t_1, \tag{3.26}$$
$$L(t) \leq \varepsilon, \quad \forall t \geq t_2, \tag{3.27}$$
$$K - \varepsilon \leq \omega(t) \leq K + \varepsilon, \quad \forall t \geq t_3. \tag{3.28}$$

La deuxième équation de (LMS) donne pour tout $t \geq max\,\{t_1, t_2, t_3\}$,

$$v'(t) = \alpha u(v + z) - \frac{\beta v}{L + 1} + r\left(1 - \frac{\omega}{K}\right)v$$
$$\geq \alpha uv - \frac{\beta v}{L + 1} - \frac{r}{K}\varepsilon v.$$

En remplaçant $u = R - v$ dans l'inégalité précédente, on obtient

$$v'(t) \geq \alpha\left(R - v\right)v - \frac{\beta v}{L + 1} - \frac{r}{K}\varepsilon v.$$

Ainsi,

$$v'(t) \geq \alpha\left(K - \varepsilon - v\right)v - \beta v - \frac{r}{K}\varepsilon v$$
$$\geq \alpha v\left(K - \varepsilon - \frac{r}{K}\varepsilon - \frac{\beta}{\alpha} - v\right).$$

Par comparaison, il en résulte que

$$\liminf_{t \to +\infty} v(t) \geq K - \frac{\beta}{\alpha} - \varepsilon - \frac{r}{K}\varepsilon.$$

Puisque ε est arbitraire, on a donc

$$\liminf_{t \to +\infty} v(t) \geq K - \frac{\beta}{\alpha}. \tag{3.29}$$

Par ailleurs, (3.28) permet d'écrire

$$v'(t) \leq \alpha(R - v)(v + z) - \frac{\beta}{\varepsilon + 1}v + \frac{r}{K}\varepsilon v.$$

Etant donné que $K - \beta/\alpha > 1$, alors pour tout $0 < \varepsilon \leq K - \beta/\alpha - 1$. De plus, de (3.29) on déduit qu'il existe $t_4 > 0$ tel que

$$v(t) \geq K - \frac{\beta}{\alpha} - \varepsilon \geq 1;$$

ceci entraîne que pour tout $t \geq \max\{t_1, t_2, t_3, t_4\}$, $z(t) \leq \varepsilon v(t)$; on a

$$
\begin{aligned}
v'(t) &\leq \alpha v(R - v)(\varepsilon + 1) - \frac{\beta}{\varepsilon + 1}v + \frac{r}{K}\varepsilon v \\
&\leq \alpha(K - v)(1 + \varepsilon)v - \frac{\beta}{\varepsilon + 1}v + \frac{r}{K}\varepsilon v \\
&\leq \alpha(\varepsilon + 1)v\left(K - \frac{\beta}{\alpha(\varepsilon + 1)^2} + \frac{r\varepsilon}{\alpha K(\varepsilon + 1)} - v\right).
\end{aligned}
$$

Par comparaison, on obtient

$$
\limsup_{t \to +\infty} v(t) \leq K - \frac{\beta}{\alpha}. \tag{3.30}
$$

Par conséquent, on déduit de (3.29) et (3.30) que

$$
\lim_{t \to +\infty} v(t) = K - \frac{\beta}{\alpha}.
$$

Ainsi,

$$
\lim_{t \to +\infty} u(t) = \lim_{t \to +\infty} (R(t) - v(t)) = \frac{\beta}{\alpha}.
$$

$\square$

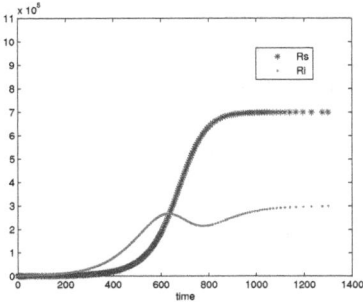

(a) Dynamiques de R_s et R_I (b) Dynamiques de L_s et L_I

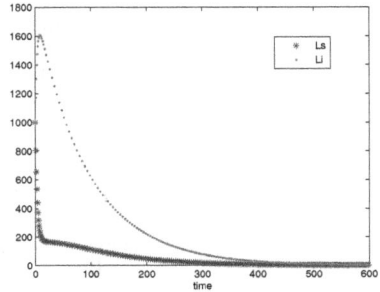

FIGURE 3.3 – Dynamiques des bactéries résistantes et des bactéries non-résistantes de la rivière et de la terre, pour $\alpha = 0.0001$, $\beta = 70$, $\gamma = 0.02$, $r = 0.01$ and $K = 10^6$.

3.4 Existence de solutions périodiques

Andronov, l'un des fondateurs de la théorie des oscillations dans son livre [Andronov 1966], a distingué les systèmes **auto-oscillants** (qui n'ont pas besoin d'un forçage périodique extérieur pour osciller) des systèmes d'**oscillateurs forcés**. Dans ce paragraphe, nous allons démontrer que le système (LMS) a besoin d'un forçage périodique extérieur pour osciller [Françoise 2005]. Pour ce faire, on se propose de montrer l'absence de solutions périodiques de (LMS) dans le cas où $F_s \equiv F_I \equiv 0$. Par ailleurs, nous établissons l'existence d'au moins une solution périodique associée au cas où F_s et F_I sont des fonctions périodiques.

3.4.1 Cas du système autonome

Ici, on montre en utilisant le crière de Dulac qu'il n'existe pas de solutions périodiques dans le cas où $F_s \equiv F_I \equiv 0$; ceci nous permet de déduire que l'ensemble ω-limite est réduit aux points d'équilibre.

Théorème 3.4.1 *Si $F_s \equiv F_I \equiv 0$, alors le système (LMS) n'admet aucune solution périodique dans $\mathbb{R}_+^4 \setminus \{0\}$.*

Démonstration : Supposons que $F_s \equiv F_I \equiv 0$. Si (u,v,w,z) est une solution périodique de période $T > 0$ du système (LMS) avec une condition initiale $(u(0),v(0),w(0),z(0)) \in \mathbb{R}_+^4$, alors

$$u(t+T) = u(t), \quad v(t+T) = v(t), \quad w(t+T) = w(t) \text{ et } z(t+T) = z(t),$$

pour tout $t \in \mathbb{R}_+$. Par conséquent, (R,L) $(R = u+v$ et $L = w+z)$ est une solution T-périodique dans $\mathbb{R}_+^4$ du système

$$R'(t) = r\left(1 - \frac{R+L}{K}\right)R = f(R,L), \tag{3.31}$$

$$L'(t) = -\gamma L + r\left(1 - \frac{R+L}{K}\right)L = g(R,L). \tag{3.32}$$

Ainsi, si le système (3.31)-(3.32) n'admet pas de solutions périodiques, alors (LMS) lui aussi n'admet pas de solutions périodiques. Montrons que le système (3.31)-(3.32) n'admet pas de solutions périodiques.

En effet, si $h(R,L) = \dfrac{1}{RL}$, on obtient

$$div\left(h\begin{pmatrix} f \\ g \end{pmatrix}\right) = \frac{\partial}{\partial R}(hf) + \frac{\partial}{\partial L}(hg) = -\frac{r}{KL} - \frac{\gamma}{R} - \frac{r}{KR} < 0 \quad \text{dans} \quad \mathbb{R}_+^4 \setminus \{0\}.$$

D'après le critère de Dulac (voir Théorème A.2.10 Annexe A), le système (3.31)-(3.32) n'admet aucune solution périodique. D'où, il n'existe pas de solutions périodiques de (LMS).

□

3.4.2 Cas du système non autonome

Dans cette section, on passe au cas où F_s et F_I sont des fonctions T-périodiques. Une solution périodique d'un système dynamique de populations représente un équilibre pour le système biologique qui lui est associé. D'où, établir l'existence d'une solution périodique du système (LMS) est significatif d'un point de vue pratique [Arenas 2009, Georgiev 2001]. On se propose donc d'étudier l'existence d'au moins une solution périodique du système (LMS). Pour ce faire, on va utiliser le théorème de continuation de Mawhin (A.3.1 Annexe A).

Dans notre étude, nous sommes intéressés que par des solutions positives ; on considère ainsi le changement de variables suivant :

$$u(t) = e^{x_1(t)}, \quad v(t) = e^{x_2(t)}, \quad w(t) = e^{x_3(t)} \quad \text{and} \quad z(t) = e^{x_4(t)}. \tag{3.33}$$

Le système (LMS) peut être représenté sous la forme

$$x_1'(t) = -\alpha(e^{x_2} + e^{x_4}) + \frac{\beta}{e^{x_3} + e^{x_4} + 1} e^{x_2 - x_1} + r\left(1 - \frac{\omega}{K}\right), \tag{3.34}$$

$$x_2'(t) = \alpha e^{x_1 - x_2}(e^{x_2} + e^{x_4}) - \frac{\beta}{e^{x_3} + e^{x_4} + 1} + r\left(1 - \frac{\omega}{K}\right), \tag{3.35}$$

$$x_3'(t) = F_s(t)e^{-x_3} - \gamma - \alpha(e^{x_2} + e^{x_4}) + \frac{\beta}{e^{x_3} - e^{x_4} + 1} e^{x_4 - x_3}$$
$$+ r\left(1 - \frac{\omega}{K}\right), \tag{3.36}$$

$$x_4'(t) = F_I(t)e^{-x_4} - \gamma + \alpha e^{x_3 - x_4}(e^{x_2} + e^{x_4}) - \frac{\beta}{e^{x_3} + e^{x_4} + 1} \tag{3.37}$$
$$+ r\left(1 - \frac{\omega}{K}\right), \tag{3.38}$$

où $\omega = e^{x_1} + e^{x_2} + e^{x_3} + e^{x_4}$. De (3.33) on peut voir que si le système ci-dessus admet une solution T-périodique $(x_1(t), x_2(t), x_3(t), x_4(t))$, alors $(u(t), v(t), w(t), z(t))$ est une solution T-périodique positive de (LMS). Par conséquent, il suffit de chercher des solutions T-périodique de système ci-dessus.

Lemme 3.4.2 *L'espace X défini par*

$$X = \left\{ x(t) = (x_1(t), x_2(t), x_3(t), x_4(t)) \in C(\mathbb{R}, \mathbb{R}^4) ; x(t + T) = x(t) \right\},$$

muni de la norme

$$\|x\| = \|(x_1, x_2, x_3, x_4)\| = \sum_{i=1}^{4} \max_{t \in [0,T]} |x_i(t)|, \quad \text{pour tout} \quad x \in X,$$

est un espace de Banach.

Démonstration : Voir [Dieudonné 2003].

Lemme 3.4.3 *Soit L défini par*

$$L : Dom(L) \cap X \to X, \quad L(x(t)) = x'(t),$$

où

$$Dom(L) = \left\{ u(t) \in C^1(\mathbb{R}, \mathbb{R}^4); x(t+T) = x(t) \right\} \subset X.$$

Alors, L est une application de Fredholm d'indice zéro (voir La Définition 7 Annexe A).

Démonstration : Tout d'abord, il est clair que

$$KerL = \mathbb{R}^4.$$

De plus,

$$Im(L) = \left\{ (x_1, x_2, x_3, x_4) \in X, \int_0^T x(t)dt = 0 \right\}.$$

En effet, soit $y \in Im(L)$, alors il existe $x \in Dom(L)$ tel que

$$x'(t) = y(t);$$

d'où,

$$\int_0^T y(t)dt = 0.$$

D'autre part, soit $y \in X$ tel que $\int_0^T y(t)dt = 0$, alors il existe

$$x(t) = \int_0^t y(\tau)d\tau \in DomL,$$

avec $x'(t) = y(t)$. Par ailleurs, soient P et Q des applications définies par

$$P, Q : X \to X, \qquad Px = Qx = \frac{1}{T} \int_0^T x(t)dt.$$

Par conséquent,

$$Im(L) = KerQ = Im(I - Q).$$

$Im(L)$ est fermé dans X (l'image réciproque d'un fermé par une application continue est un fermé). Comme, $IndexL = dimKerL = codimImL = 4$, L est une application de Fredholm d'indice zéro.

□

Corollaire 3.4.4 *L'application*

$$L_p = L|_{Dom(L) \cap KerP} : (I - P)X \to Im(L)$$

est inversible et son inverse $K_p : Im(L) \to Dom(L) \cap KerP$ est donné par

$$K_p(x) = \int_0^t x(s)ds - \frac{1}{T} \int_0^T \int_0^t x(s)ds\, dt, \quad t \in [0, T].$$

Démonstration : Tout d'abord, on a

$$Im(L) = Im(I - P);$$

ensuite

$$K_p(L_p(x)) = L_p(K_p(x)) = x;$$

d'où le résultat.

$\square$

Maintenant, soit $N(x(t), t) = (\delta_1(x(t), t), \delta_2(x(t), t), \delta_3(x(t), t), \delta_4(x(t), t))^T$, où

$$\delta_1(x(t), t) = -\alpha(e^{x_2(t)} + e^{x_4(t)}) + \frac{\beta}{e^{x_3(t)} + e^{x_4(t)} + 1}e^{x_2(t) - x_1(t)} + r\left(1 - \frac{\omega(t)}{K}\right),$$

$$\delta_2(x(t), t) = \alpha e^{x_1(t) - x_2(t)}(e^{x_2(t)} + e^{x_4(t)}) - \frac{\beta}{e^{x_3(t)} + e^{x_4(t)} + 1} + r\left(1 - \frac{\omega(t)}{K}\right),$$

$$\delta_3(x(t), t) = e^{-x_3(t)}F_s(t) - \gamma - \alpha(e^{x_2(t)} + e^{x_4(t)}) + \frac{\beta}{e^{x_3(t)} + e^{x_4(t)} + 1}e^{x_4(t) - x_3(t)}$$
$$+ r\left(1 - \frac{\omega(t)}{K}\right),$$

$$\delta_4(x(t), t) = e^{-x_4(t)}F_I(t) - \gamma + \alpha e^{x_3(t) - x_4(t)}(e^{x_2(t)} + e^{x_4(t)}) - \frac{\beta}{e^{x_3(t)} + e^{x_4(t)} + 1}$$
$$+ r\left(1 - \frac{\omega(t)}{K}\right).$$

Lemme 3.4.5 *L'application N est L-compact sur X.*

Démonstration : D'une part, $QN : X \to X$ est donné par

$$QNx(t) = (q_1, q_2, q_3, q_4)^T,$$

où

$$q_i = \frac{1}{T}\int_0^T \delta_i(x(t), t)dt, \quad \text{pour} \quad i = 1, ..., 4.$$

De plus, $K_p(I - Q)N : X \to X$ s'écrit sous la forme

$$K_p(I - Q)N\psi(x) = (\psi_1(x(t), t), \psi_2(x(t), t), \psi_3(x(t), t), \psi_4(x(t), t))^T,$$

où

$$\psi_i(x(t), t) = \int_0^t \delta_i(x(\tau), \tau)d\tau - \frac{1}{T}\int_0^T\int_0^t \delta_i(x(\tau), \tau)d\tau dt - \left(\frac{t}{T} - \frac{1}{2}\right)\int_0^T \delta_i(x(\tau), \tau)d\tau,$$

pour $i = 1, ..., 4$.

Comme, QN et $K_p(I - Q)N$ sont des composées d'applications continues sur X, elles sont donc continues sur X.

Par ailleurs, en utilisant le théorème d'Arzela-Ascoli [Dieudonné 2003], on peut vérifier que

$$K_p(I - Q)N : \bar{\Omega} \to X$$

est une application compacte pour tout ouvert borné $\Omega \subset X$.

En outre, $QN(\bar{\Omega})$ est borné, ce qui entraîne que N est une application L-compact sur $\bar{\Omega}$ pour tout ouvert borné $\Omega \subset X$.

□

Nous sommes maintenant en mesure de présenter notre théorème qui assure l'existence d'au moins une solution périodique, positive du système (LMS).

Théorème 3.4.6 *Supposons que F_s et F_I sont des fonctions T-périodiques et que la condition*

$$\alpha T K > \int_0^T F_s(t)dt + \int_0^T F_I(t)dt \tag{3.39}$$

est satisfaite, alors le système (LMS) admet au moins une solution T-périodique, positive.

Démonstration : Afin d'appliquer le théorème de continuation de Mawhin, nous cherchons un ouvert approprié Ω. L'équation $Lu = \lambda Nu$ avec $\lambda \in (0, 1)$, s'écrit sous la forme

$$x_1'(t) = \lambda \left[-\alpha(e^{x_2} + e^{x_4}) + \frac{\beta}{e^{x_3} + e^{x_4} + 1} e^{x_2 - x_1} + r\left(1 - \frac{\omega}{K}\right) \right], \tag{3.40}$$

$$x_2'(t) = \lambda \left[\alpha e^{x_1 - x_2}(e^{x_2} + e^{x_4}) - \frac{\beta}{e^{x_3} + e^{x_4} + 1} + r\left(1 - \frac{\omega}{K}\right) \right], \tag{3.41}$$

$$x_3'(t) = \lambda \left[e^{-x_3} F_s(t) - \gamma - \alpha(e^{x_2} + e^{x_4}) + \frac{\beta}{e^{x_3} + e^{x_4} + 1} e^{x_4 - x_3} \right]$$
$$+ r\lambda \left(1 - \frac{\omega}{K}\right), \tag{3.42}$$

$$x_4'(t) = \lambda \left[e^{-x_4} F_I(t) - \gamma + \alpha e^{x_3 - x_4}(e^{x_2} + e^{x_4}) - \frac{\beta}{e^{x_3} + e^{x_4} + 1} \right]$$
$$+ r\lambda \left(1 - \frac{\omega}{K}\right). \tag{3.43}$$

Supposons que $x(t) = (x_1, x_2, x_3, x_4)^T \in X$ est une solution T-périodique du système ci-dessus pour un certain $\lambda \in (0, 1)$. Alors, il existe $\xi_i, \eta_i \in [0, T]$ tels que

$$x_i(\xi_i) = \min_{t \in [0,T]} x_i(t), \quad x_i(\eta_i) = \max_{t \in [0,T]} x_i(t) \quad \text{pour} \quad i = 1, ..., 4.$$

Ensuite, en multipliant la première équation par $e^{x_1(t)}$, la deuxième équation par $e^{x_2(t)}$, la troisième équation par $e^{x_3(t)}$ et la dernière par $e^{x_4(t)}$, on obtient

$$e^{x_1}x_1'(t) = \lambda\left[-\alpha e^{x_1}(e^{x_2}+e^{x_4})+\frac{\beta}{e^{x_3}+e^{x_4}+1}e^{x_2}+re^{x_1}\left(1-\frac{\omega}{K}\right)\right],$$

$$e^{x_2}x_2'(t) = \lambda\left[\alpha e^{x_1}(e^{x_2}+e^{x_4})-\frac{\beta}{e^{x_3}+e^{x_4}+1}e^{x_2}+re^{x_2}\left(1-\frac{\omega}{K}\right)\right],$$

$$e^{x_3}x_3'(t) = \lambda\left[F_s(t)-\gamma e^{x_3}-\alpha e^{x_3}(e^{x_2}+e^{x_4})+\frac{\beta}{e^{x_3}+e^{x_4}+1}e^{x_4}+re^{x_3}\left(1-\frac{\omega}{K}\right)\right],$$

$$e^{x_4}x_4'(t) = \lambda\left[F_I(t)-\gamma e^{x_4}+\alpha e^{x_3}(e^{x_2}+e^{x_4})-\frac{\beta}{e^{x_3}+e^{x_4}+1}e^{x_4}+re^{x_4}\left(1-\frac{\omega}{K}\right)\right].$$

En intégrant les équations (3.34)-(3.38) par rapport à t entre 0 et T, il vient

$$\int_0^T\left[-\alpha e^{x_1}(e^{x_2}+e^{x_4})+\frac{\beta e^{x_2}}{e^{x_3}+e^{x_4}+1}+re^{x_1}\left(1-\frac{\omega}{K}\right)\right]dt=0,$$

$$\int_0^T\left[\alpha e^{x_1}(e^{x_2}+e^{x_4})-\frac{\beta e^{x_2}}{e^{x_3}+e^{x_4}+1}+re^{x_2}\left(1-\frac{\omega}{K}\right)\right]dt=0,$$

$$\int_0^T\left[F_s(t)-\gamma e^{x_3}-\alpha e^{x_3}(e^{x_2}+e^{x_4})+\frac{\beta e^{x_4}}{e^{x_3}+e^{x_4}+1}+re^{x_4}\left(1-\frac{\omega}{K}\right)\right]dt=0,$$

$$\int_0^T\left[F_I(t)-\gamma e^{x_4}-\alpha e^{x_3}(e^{x_2}+e^{x_4})+\frac{\beta e^{x_4}}{e^{x_3}+e^{x_4}+1}+re^{x_4}\left(1-\frac{\omega}{K}\right)\right]dt=0.$$

Ensuite, en faisant la somme des deux premières intégrales, on obtient

$$\int_0^T\left(e^{x_1(t)}+e^{x_2(t)}\right)(K-\omega)\,dt=0. \tag{3.44}$$

Par conséquent, d'après le théorème de la moyenne, il existe un $\mu\in[0,T]$, tel que

$$(K-\omega(\mu))\int_0^T\left(e^{x_1(t)}+e^{x_2(t)}\right)dt=0\Rightarrow\omega(\mu)=K,$$

d'où

$$x_i(\xi_i)=\min_{t\in[0,T]}x_i(t)<K,\quad\text{pour}\quad i=1,...,4. \tag{3.45}$$

Par ailleurs, en faisant la somme des deux dernières intégrales, on obtient

$$-\gamma\int_0^T(e^{x_3}+e^{x_4})dt+r\int_0^T(e^{x_3}+e^{x_4})\left(1-\frac{\omega}{K}\right)dt+\int_0^T(F_s(t)+F_I(t))dt=0. \tag{3.46}$$

Il en résulte que

$$\int_0^T(e^{x_3(t)}+e^{x_4(t)})dt\le\frac{1}{\gamma-r}\int_0^T(F_s(t)+F_I(t))\,dt. \tag{3.47}$$

De (3.46) et (3.47), on déduit que

$$\int_0^T (e^{x_3(t)} + e^{x_4(t)})^2 dt \leq \frac{K}{r} \int_0^T (F_s(t) + F_I(t))\, dt. \tag{3.48}$$

De plus, de (3.44) il vient

$$\int_0^T \left(e^{x_1(t)} + e^{x_2(t)}\right)^2 dt \leq K \int_0^T \left(e^{x_1(t)} + e^{x_2(t)}\right) dt. \tag{3.49}$$

Comme $x(t)$ est supposée dans X, alors l'inégalité de Cauchy-Schwarz appliquée au second membre de (3.49) donne

$$\int_0^T \left(e^{x_1(t)} + e^{x_2(t)}\right)^2 dt \leq KT^{1/2}\left(\int_0^T \left(e^{x_1(t)} + e^{x_2(t)}\right)^2 dt\right)^{1/2}.$$

Par conséquent,

$$\left(\int_0^T \left(e^{x_1(t)} + e^{x_2(t)}\right)^2 dt\right)^{1/2} \leq KT^{1/2}. \tag{3.50}$$

D'autre part, en intégrant les deux membres de l'équation (3.40) par rapport à t, entre 0 et T, on a

$$\int_0^T \frac{\beta}{e^{x_3} + e^{x_4} + 1} e^{x_2 - x_1} dt = \alpha \int_0^T (e^{x_2} + e^{x_4})dt - r \int_0^T \left(1 - \frac{\omega}{K}\right) dt. \tag{3.51}$$

En appliquant l'inégalité de Cauchy-Schwarz et en utilisant (3.47) et (3.50), on a

$$\begin{aligned}
\int_0^T \frac{\beta e^{x_2 - x_1}}{e^{x_3} + e^{x_4} + 1} dt &\leq \left(\alpha + \frac{r}{K}\right) T^{1/2} \left(\int_0^T (e^{x_1} + e^{x_2})^2 dt\right)^{1/2} \\
&\quad + \left(\alpha + \frac{r}{K}\right) \int_0^T (e^{x_3} + e^{x_4}) dt \\
&\leq \left(\alpha + \frac{r}{K}\right) \left(KT + \frac{1}{\gamma - r} \int_0^T (F_s(t) + F_I(t))\, dt\right) = M_1.
\end{aligned}$$

Nous intégrons entre 0 et T l'équation (3.42) par rapport à t; il en résulte que

$$\begin{aligned}
\int_0^T \frac{\beta e^{x_4 - x_3}}{e^{x_3} + e^{x_4} + 1} dt &= \gamma T + \alpha \int_0^T (e^{x_2} + e^{x_4})dt - \int_0^T e^{-x_3} F_s(t)dt \\
&\quad -r \int_0^T \left(1 - \frac{\omega}{K}\right) dt \\
&\leq \gamma T + M_1 = M_3.
\end{aligned} \tag{3.52}$$

Maintenant, on intègre les deux membres des équations (3.41) et (3.43) entre 0 et T, par rapport à t; on obtient

$$\alpha \int_0^t e^{x_1-x_2}(e^{x_2}+e^{x_4})dt = \int_0^T \frac{\beta}{e^{x_3}+e^{x_4}+1}dt - r\int_0^T \left(1-\frac{\omega}{K}\right)dt,$$

$$\alpha \int_0^T e^{x_3-x_4}(e^{x_2}+e^{x_4})dt = -\int_0^T e^{-x_4}F_I(t)dt + \int_0^T \frac{\beta dt}{e^{x_3}+e^{x_4}+1} + \gamma T$$
$$-r\int_0^T \left(1-\frac{\omega}{K}\right)dt.$$

De la même manière, on a

$$\alpha \int_0^t e^{x_1-x_2}(e^{x_2}+e^{x_4})dt \leq (\beta+r)T + \frac{r}{K(\gamma-r)}\int_0^T (F_s(t)+F_I(t))\,dt = M_2 \quad (3.53)$$

et

$$\alpha \int_0^t e^{x_3-x_4}(e^{x_2}+e^{x_4})dt \leq \gamma T + M_2 = M_4. \quad (3.54)$$

Maintenant, on multiplie l'équation (3.42) par e^{x_3}, ensuite on intègre entre 0 et T par rapport à t; il vient

$$\int_0^T F_s(t)dt + \int_0^T \frac{\beta e^{x_4}}{e^{x_3}+e^{x_4}+1}dt \leq (\gamma-r+M_1)\,e^{x_3(\eta_3)},$$

ce qui implique que

$$e^{x_3(\eta_3)} \geq \frac{\int_0^T F_s(t)dt}{\gamma-r+M_1} = C_3. \quad (3.55)$$

D'une manière analogue, en multipliant l'équation (3.43) par e^{x_4} et en intégrant entre 0 et T par rapport à t, on obtient

$$\int_0^T F_I(t)dt + \alpha \int_0^T e^{x_3}(e^{x_2}+e^{x_4})dt \leq (\gamma-r+\beta)Te^{x_4(\eta_4)} + M_1 e^{x_4(\eta_4)}.$$

Par conséquent,

$$e^{x_4(\eta_4)} \geq \frac{\int_0^T F_I(t)dt}{\gamma-r+\beta+M_1} = C_4. \quad (3.56)$$

De même, on a

$$e^{x_1(\eta_1)} \geq C_1 \quad (3.57)$$

et

$$e^{x_2(\eta_2)} \geq C_2. \quad (3.58)$$

De (3.51)-(3.58), on a

$$\int_0^T |\dot{x}_1(t)| dt \leq \lambda \left[\alpha \int_0^T (e^{x_2} + e^{x_4}) dt + \int_0^T \frac{\beta}{e^{x_3} + e^{x_4} + 1} e^{x_2 - x_1} dt \right]$$
$$+ r \int_0^T \left(1 + \frac{\omega}{K} \right) dt$$

d'après les estimations ci-dessus, on obtient

$$\int_0^T |\dot{x}_1(t)| dt < 2M_1. \tag{3.59}$$

De même, on a

$$\int_0^T |\dot{x}_2(t)| dt < 2M_2, \tag{3.60}$$

$$\int_0^T |\dot{x}_3(t)| dt < 2M_3, \tag{3.61}$$

$$\int_0^T |\dot{x}_4(t)| dt < 2M_4. \tag{3.62}$$

Donc, pour $t \in [0, T]$, de (3.45) et (3.59)-(3.62), on obtient

$$x_i(t) \leq x_i(\xi_i) + \int_{\xi_i}^T |\dot{x}_i(t)| dt \leq x_i(\xi_i) + \int_0^T |\dot{x}_i(t)| dt < \ln(K) + M_i, \tag{3.63}$$

pour $i = 1, ..., 4$. Par ailleurs des équations (3.55)-(3.62) on a

$$x_i(t) \geq x_i(\eta_i) - \int_{\eta_i}^T |\dot{x}_i(t)| dt \geq x_i(\eta_i) - \int_0^T |\dot{x}_i(t)| dt > \ln(C_i) - M_i, \tag{3.64}$$

pour $i = 1, ..., 4$. Ainsi (3.64) et (3.65) donnent

$$\max_{t \in [0,T]} |x_i(t)| < \max \{| \ln(K) + M_i |, | \ln(C_i) - M_i |\} = R_i, \tag{3.65}$$

pour $i = 1...4$.

Soit $x = (x_1, x_2, x_3, x_4) \in \mathbb{R}^4$ une solution de $QNx = 0$, alors x est une solution du système algébrique suivant par rapport à x_1, x_2, x_3 et x_4

$$-\alpha e^{x_1}(e^{x_2} + e^{x_4}) + \frac{\beta}{e^{x_3} + e^{x_4} + 1} e^{x_2} + r e^{x_1} \left(1 - \frac{\omega}{K} \right) = 0,$$

$$\alpha e^{x_1}(e^{x_2} + e^{x_4}) - \frac{\beta}{e^{x_3} + e^{x_4} + 1} e^{x_2} + r e^{x_2} \left(1 - \frac{\omega}{K} \right) = 0,$$

$$\int_0^T F_s(t) dt - \gamma T e^{x_3} - \alpha e^{x_3} T(e^{x_2} + e^{x_4}) + T \frac{\beta}{e^{x_3} + e^{x_4} + 1} e^{x_4} + r T e^{x_3} \left(1 - \frac{\omega}{K} \right) = 0,$$

$$\int_0^T F_I(t) dt - \gamma T e^{x_4} + \alpha T e^{x_3}(e^{x_2} + e^{x_4}) - T \frac{\beta}{e^{x_3} + e^{x_4} + 1} e^{x_4} + r T e^{x_4} \left(1 - \frac{\omega}{K} \right) = 0.$$

Maintenant, on prend $R_0 > 0$ suffisamment grand tel que toute solution du système algébrique satisfait à

$$\|x^*\| = \|x_1^*\| + \|x_2^*\| + \|x_3^*\| + \|x_4^*\| \leq R_0.$$

Notons $R = \sum_{i=0}^{4} R_i$. On choisit donc Ω comme suit

$$\Omega = \left\{ x = (x_1, x_2, x_3, x_4)^T \in X : \|x\| < R \right\}.$$

Ce qui implique la première condition du Théorème de continuation de Mawhin (Théorème A.3.1 Annexe 3).

Si $x \in \partial\Omega \cap KerL = \partial\Omega \cap \mathbb{R}^4$, alors x est un vecteur constant dans $\mathbb{R}^4$ avec $\|x\| = R$.

D'après les définitions de Ω et R, si $x \in \partial\Omega \cap KerL$, alors $QNx \neq (0,0,0,0)^T$. Ce qui montre que la deuxième condition du Théorème de continuation de Mawhin (Théorème A.3.1 Annexe 3) est vérifiée.

Maintenant, nous allons montrer la troisième condition du Théorème de continuation de Mawhin. On définit une homotopie $H(x, \mu) : Dom(L) \times [0,1] \rightarrow X$ comme suit

$$H(x, \mu) = \begin{bmatrix} -\alpha e^{x_1}(e^{x_2} + e^{x_4}) + \dfrac{\beta}{e^{x_3} + e^{x_4} + 1}e^{x_2} + re^{x_1}\left(1 - \dfrac{\omega}{K}\right) \\ \alpha e^{x_1}(e^{x_2} + e^{x_4}) - \dfrac{\beta}{e^{x_3} + e^{x_4} + 1}e^{x_2} + re^{x_2}\left(1 - \dfrac{\omega}{K}\right) \\ \displaystyle\int_0^T F_s(t)dt - \gamma Te^{x_3} + rTe^{x_3}\left(1 - \dfrac{\omega}{K}\right) \\ \displaystyle\int_0^T F_I(t)dt - \gamma Te^{x_4} + rTe^{x_4}\left(1 - \dfrac{\omega}{K}\right) \end{bmatrix}$$

$$+ \mu \begin{bmatrix} 0 \\ 0 \\ \alpha Te^{x_3}(e^{x_2} + e^{x_4}) - T\dfrac{\beta}{e^{x_3} + e^{x_4} + 1}e^{x_4} \\ -\alpha Te^{x_3}(e^{x_2} + e^{x_4}) + T\dfrac{\beta}{e^{x_3} + e^{x_4} + 1}e^{x_4} \end{bmatrix}.$$

On peut vérifier que le système algébrique

$$-\alpha e^{x_1}(e^{x_2} + e^{x_4}) + \frac{\beta}{e^{x_3} + e^{x_4} + 1}e^{x_2} + re^{x_1}\left(1 - \frac{\omega}{K}\right) = 0,$$

$$\alpha e^{x_1}(e^{x_2} + e^{x_4}) - \frac{\beta}{e^{x_3} + e^{x_4} + 1}e^{x_2} + re^{x_2}\left(1 - \frac{\omega}{K}\right) = 0,$$

$$\int_0^T F_s(t)dt - \gamma Te^{x_3} + rTe^{x_3}\left(1 - \frac{\omega}{K}\right) = 0,$$

$$\int_0^T F_I(t)dt - \gamma Te^{x_4} + rTe^{x_4}\left(1 - \frac{\omega}{K}\right) = 0$$

admet une unique solution positive

$$e^{x_1} = K - a_1 - a_2 - y^*, \qquad e^{x_2} = y^*,$$

$$e^{x_3} = \frac{1}{\gamma T} \int_0^T F_s(t)dt = a_1, \qquad e^{x_4} = \frac{1}{\gamma T} \int_0^T F_I(t)dt = a_2,$$

où

$$y^* = K - a_1 - 2a_2 + \frac{\beta}{\alpha(a_1 + a_2 + 1)} + \frac{\delta^{1/2}}{\alpha}$$

et

$$\delta = \left(\alpha(K - a_1 - a_2) - \alpha a_2 + \frac{\beta}{a_1 + a_2 + 1} \right)^2 + 4\alpha^2 a_1(K - a_1 - a_2).$$

On prend $J : Im(Q) \to KerL$, i.e $x \mapsto x$.

En utilisant la propriété d'invariance par homotopie du degré topologique, il vient

$$\begin{aligned} deg\left\{ JQN, \Omega \cap KerL, (0,0,0,0)^T \right\} &= deg\left\{ H(.,.,1), \Omega \cap KerL, (0,0,0,0)^T \right\} \\ &= deg\left\{ H(.,.,0), \Omega \cap KerL, (0,0,0,0)^T \right\} \\ &= 1. \end{aligned}$$

Ce qui montre que la troisième condition du Théorème de continuation de Mawhin est vérifiée. Ainsi, le système (LMS) admet au moins une solution T-périodique.

□

3.5 Conclusion

Dans cette contribution, nous avons étudié un système dynamique non-autonome noté (LMS). Cette étude peut être appliquée à la prédiction de la quantité des bactéries résistantes dans une rivière.

Dans une première partie, on s'est restreint au cas où $F_s \equiv F_I \equiv 0$ pour analyser l'effet de la pollution au bord des rives sur le transfert de gène de résistance entre les bactéries, pour caractériser aussi la persistance des bactéries résistantes aux antibiotiques dans une rivière. Nous avons examiné la stabilité des points d'équilibre $E_1\,(K, 0, 0, 0)$ qui exprime la réduction des souches résistantes dans la rivière, $E_2\,(\beta/\alpha, K - \beta/\alpha, 0, 0)$ qui signifie la persistance de celles-ci dans la rivière.

En utilisant la méthode de Lyapunov, nous avons montré la stabilité globale du point E_1.

En outre, nous avons établi que
 − si $\alpha K + r < \beta$, alors

$$\lim_{t \to +\infty} u(t) = K, \quad \lim_{t \to +\infty} v(t) = \lim_{t \to +\infty} w(t) = \lim_{t \to +\infty} z(t) = 0,$$

– si $K > \dfrac{\beta}{\alpha} + 1$, on a

$$\lim_{t \to +\infty} u(t) = \frac{\beta}{\alpha}, \quad \lim_{t \to +\infty} v(t) = K - \frac{\beta}{\alpha}, \quad \lim_{t \to +\infty} w(t) = \lim_{t \to +\infty} z(t) = 0.$$

On conclut des conditions $\alpha K + r < \beta$ et $K > \dfrac{\beta}{\alpha} + 1$ que si β le taux de perte de gène de résistance entre les bactéries (voir Table 3.1) est assez grand, alors la résistance à l'antibiotique est réduite dans la rivière. Cependant, si le taux de transfert de gène de résistance α est assez grand, les bactéries résistantes persistent dans la rivière.

Dans une deuxième partie, nous avons analysé l'existence de solutions périodiques. En effet, nous avons montré que notre système a besoin d'un forçage extérieur pour osciller. Pour ce faire, nous avons considéré d'abord le cas du système autonome ($F_s \equiv F_I \equiv 0$) pour lequel nous avons établi l'absence de solutions périodiques. En revanche, si F_s et F_I sont des fonctions périodiques, nous avons déterminé une condition d'existence de solutions périodiques de (LMS) en se basant sur le théorème de continuation de Mawhin. En effet, si

$$\alpha T K > \int_0^T F_s(t)dt + \int_0^T F_I(t)dt,$$

alors il existe au moins une solution périodique, positive de (LMS).

Les résultats de ce chapitre ont fait l'objet d'une publication [Mostefaoui 2013] parue dans Mathematical Methods in the Applied Sciences.

CHAPITRE 4

Modèle de convection-diffusion : application à la distribution des bactéries

4.1 Introduction

Jusqu'ici nous avons supposé que les bactéries sont transportées ensemble par le courant d'eau en amont de la rivière. Cette hypothèse s'avère simplificatrice pour le mouvement des bactéries. Dans ce cadre, des études biologiques ont montré la variabilité spatiale de la résistance des bactéries aux antibiotiques et comment les bactéries sont concentrées dans des endroits plus que dans d'autres dans la rivière [Boon 1999]. Ainsi, une bonne illustration de modèle (LMS) (du chapitre précédent) doit inclure l'aspect spacial.

Dans ce chapitre, nous proposons un modèle de convection-diffusion non autonome (CDI) qui prévoit la quantité et la distribution des bactéries dans une rivière. Les interactions locales dans ce modèle sont données par le modèle (LMS) et la dynamique spatiale est représentée par des termes de diffusion et de transport.

Ici, nous conservons les notations du chapitre précédent. Rappelons que R_I et R_s sont les bactéries résistantes et non résistantes de la rivière, de même L_I et L_s représentent les bactéries de la terre résistantes et non résistantes. On résume les hypothèses considérées ici, autrement, pour plus de détails voir Chapitre 3. On tient en compte le transfert du gène de résistance entre les bactéries, mais aussi la possibilité de perdre celui-ci. Par ailleurs, vu que les eaux usées des hôpitaux ainsi que les rejets des fermes sont éventuellement déchargés le long des rives [Passerat 2010, Servais 2009], on inclut l'effet de la pollution dans le modèle.

L'objectif de ce chapitre est une étude théorique du système (CDI). Cette étude peut prédire la quantité et la propagation des bactéries dans une rivière. Il s'agit d'une analyse qualitative des solutions du système ; ceci en déterminant l'ensemble limite du système. Nous allons montrer que l'ensemble limite est réduit aux solutions du système elliptique associé $(CDI)_e$. Nous allons alors étudier l'existence des solutions positives du système $(CDI)_e$ en utilisant principalement la théorie du degré topologique de Leray-Schauder.

Dans le paragraphe suivant, nous allons présenter notre système de convection-diffusion (CDI) ainsi que les hypothèses qui lui sont associées.

4.2 Le modèle

Du moment que la longueur de la rivière est beaucoup plus grande que sa largeur, on peut restreindre notre étude à la dimension un [Kachiashvili 2007] et la rivière est supposée être l'intervalle $[0, +\infty)$. Nous admettons qu' à l'instant initial les concentrations des bactéries sont données ; nous posons donc

$$R_s(x,0) = u_0(x), \ R_I(x,0) = v_0(x),$$

$$L_s(x,0) = w_0(x), \ L_I(x,0) = z_0(x),$$

pour $x \in [0, +\infty)$, les fonctions u_0, v_0, w_0 et z_0 sont positives dans

$$L^1(0, +\infty) \cap L^\infty(0, +\infty).$$

De plus, on spécifie les conditions aux limites de notre intervalle d'étude :

$$\frac{\partial R_s}{\partial x}(0,t) = \frac{\partial R_I}{\partial x}(0,t) = \frac{\partial L_s}{\partial x}(0,t) = \frac{\partial L_I}{\partial x}(0,t) = 0, \ t \in \mathbb{R}_+, \qquad (4.1)$$

$$\frac{\partial R_s}{\partial x}(+\infty,t) = \frac{\partial R_I}{\partial x}(+\infty,t) = \frac{\partial L_s}{\partial x}(+\infty,t) = \frac{\partial L_I}{\partial x}(+\infty,t) = 0, \ t \in \mathbb{R}_+. \qquad (4.2)$$

Nous avons choisi des conditions aux limites de type Neumann pour la simple raison que les espèces bactériennes restent dans la rivière (absence d'émigration).

Dans la suite, nous utilisons les notations u, v, w et z aux lieux de R_s, R_I, L_s et L_I, en outre nous définissons l'operateur B par $B = d\frac{\partial^2}{\partial x^2} - b\frac{\partial}{\partial x}$. Nous considérons ainsi le système de convection-diffusion (CDI) suivant

$$\frac{\partial u}{\partial t} = Bu - \alpha u(v + z) + \frac{\beta v}{w + z + 1} + r\left(1 - \frac{\omega}{K}\right)u, \qquad (4.3)$$

$$\frac{\partial v}{\partial t} = Bv + \alpha u(v + z) - \frac{\beta v}{w + z + 1} + r\left(1 - \frac{\omega}{K}\right)v, \qquad (4.4)$$

$$\frac{\partial w}{\partial t} = Bw + F_s(x,t) - \gamma w - \alpha w(v + z) + \frac{\beta z}{w + z + 1} + r\left(1 - \frac{\omega}{K}\right)w, \qquad (4.5)$$

$$\frac{\partial z}{\partial t} = Bz + F_I(x,t) - \gamma z + \alpha w(v + z) - \frac{\beta z}{w + z + 1} + r\left(1 - \frac{\omega}{K}\right)z, \qquad (4.6)$$

pour $t > 0$, $x \in (0, +\infty)$; où $\omega = u + v + w + z$; F_s et F_I sont des fonctions positives dans $C\left(\mathbb{R}_+, L^1(0, +\infty)\right)$ qui représentent les taux des bactéries provenant de la terre par le rivage. En général, ces taux ne sont pas constants, ils dépendent du temps et de l'espace ; $F_s \leq a_1$ et $F_I \leq a_2$, pour a_1 et a_2 des nombres réels. En outre, il existe f_s et f_I des fonctions continues positives dans $L^1(0, +\infty)$ satisfaisant $f_s \leq a_1$ et $f_I \leq a_2$, telles que

$$\lim_{t \to +\infty} \int_0^{+\infty} (F_s(x,t) - f_s(x))^2 \, dx = 0, \qquad (4.7)$$

$$\lim_{t \to +\infty} \int_0^{+\infty} (F_I(x,t) - f_I(x))^2 \, dx = 0; \qquad (4.8)$$

d est le coefficient de diffusion qui est une constante positive ; b est une constante, elle représente la vitesse du courant qui est supposée uniformément distribuée ; c'est le cas des rivières non agitées [Guven 2006, Hadeler 2008]. Les paramètres α, β, γ, r et K ont été présentés au Chapitre 3.

4.3   Existence et limitation des solutions

La théorie des régions invariantes est largement utilisée pour démontrer l'existence globale. Dans ce chapitre, on va monter l'existence globale des solutions de (CDI) en établissant l'existence d'un ensemble invariant.

Dans la suite, on suppose que $\gamma > r$; c'est à dire le taux de mortalité est plus grand que toute reproduction, ce qui est le cas dans la réalité, comme les bactéries de la terre ne s'adaptent pas à la vie dans la rivière.

4.3.1   Existence locale

Soit $F = (F_1, F_2, F_3, F_4)$ le seconde membre de (CDI) et $X = (L^\infty(0, +\infty))^4$. Grâce à la théorie standard d'existence de solutions [Amann 1997], on peut vérifier l'existence locale et l'unicité de la solution $(u(t,.), v(t,.)w(t,.)z(t,.))$ du système (CDI) sur un intervalle $0 \leq t \leq T_{max}$, où T_{max} dépend de $\|u_0\|_\infty$, $\|v_0\|_\infty$, $\|w_0\|_\infty$ et $\|v_0\|_\infty$. De plus, si

$T_{max} < +\infty$ alors

$$\lim_{t \to T_{max}} \sup_{x \in [0,+\infty)} \{|u(x,t)| + |v(x,t)| + |w(x,t)| + |z(x,t)|\} = +\infty.$$

On passe maintenant à l'existence globale. Dans notre étude, on ne s'intéresse qu'à la dynamique dans la région $\{u \geq 0, \ v \geq 0, \ w \geq 0, \ z \geq 0\}$, qui correspond aux solutions biologiquement significatives.

4.3.2 Existence globale de solutions positives

Théorème 4.3.1 *L'ensemble*

$$\Sigma = \left\{ u \geq 0, v \geq 0, w \geq 0, z \geq 0 : u + v \leq K, w + z \leq \frac{a_1 + a_2}{\gamma - r} \right\}$$

est une région positivement invariante pour le système (CDI).

Démonstration : On établit ce théorème en vérifiant les conditions du Théorème B.1.2 Annexe B. Tout d'abord, soit $U = (u, v, w, z) \in \Sigma$; on a

$$F_1(0, v, w, z, x, t) = \beta \frac{v}{w + z + 1} \geq 0.$$

De même,

$$F_2(u, 0, w, z, x, t) = \alpha u z \geq 0,$$

$$F_3(u, v, 0, z, x, t) = \beta \frac{z}{w + z + 1} + f_s(x) \geq 0,$$

et

$$F_4(u, v, w, 0, x, t) = \alpha w v + f_I(x) \geq 0.$$

Grâce au Théorème B.1.2 Annexe B, on déduit que pour toute condition initiale $U_0 = (u_0, v_0, w_0, z_0) \in \Sigma$, on a

$$u \geq 0, \ v \geq 0, \ w \geq 0 \ \text{ et } \ z \geq 0.$$

D'autre part, soient P_1 et P_2 les fonctions définies par

$$P_1(u, v, w, z) = u + v \quad \text{et} \quad P_2(u, v, w, z) = w + z.$$

Alors sur la courbe $u + v = K$, on a

$$(\nabla P_1, F) = -r(w + z) \leq 0. \tag{4.9}$$

De plus, sur la courbe $w + z = \dfrac{a_1 + a_2}{\gamma - r}$, on a

$$(\nabla P_2, F) = -\frac{r(a_1 + a_2)}{K(\gamma - r)}\left(u + v + \frac{a_1 + a_2}{\gamma - r}\right) - a_1 - c_2 + f_s + f_I \leq 0. \qquad (4.10)$$

De (4.9) et (4.10), on conclut la bornitude de la solution (en appliquant le Théorème B.1.2 Annexe B), d'où l'existence globale.

$\square$

4.4 Comportement à l'infini

Le flot engendré par des systèmes comme (CDI) est généralement inclus dans un compact, c'est pourquoi l'ensemble limite ω est petit. Il est cohérent donc de lier la dynamique de (CDI) aux solutions du problème elliptique qui lui est associé.

Dans cette partie, on détermine l'ensemble limite ω de (CDI). Tout d'abord, nous allons présenter quelques estimations nécessaires pour la suite.

4.4.1 Estimations

Proposition 4.4.1 *Soit* $U_0 = (u_0, v_0, w_0, z_0) \in \Sigma \cap Y$, *où* $Y = \left(L^2(0, +\infty)\right)^4$. *Si* $U \in C([0, +\infty), X)$ *est la solution de (CDI) associée à* U_0, *alors*

$$U \in C([0, +\infty), Y).$$

Démonstration : D'après la Proposition 3.3.2, on sait que $U \in \Sigma$. Il suffit donc de prouver que $U \in Y$.

En effet, $R = u + v$ satisfait à l'équation

$$R_t = d\frac{\partial^2 R}{\partial x^2} - b\frac{\partial R}{\partial x} + rR\left(1 - \frac{\omega}{K}\right).$$

En intégrant cette équation sur $(0, +\infty)$, on obtient

$$
\begin{aligned}
\int_0^{+\infty} R_t dx &= \int_0^{+\infty}\left(d\frac{\partial^2 R}{\partial x^2} - b\frac{\partial R}{\partial x}\right) dx + r\int_0^{+\infty} R\left(1 - \frac{\omega}{K}\right) dx \\
&= b(R(0,t) - R(+\infty, t)) + r\int_0^{+\infty} R\left(1 - \frac{\omega}{K}\right) dx \\
&\leq 2b\|R(.,t)\|_\infty + r\int_0^{+\infty} R\, dx.
\end{aligned}
$$

On pose $g(t) = \int_0^{+\infty} R(x,t)dx$; il vient

$$g'(t) \leq 2bK + rg(t),$$

d'où par intégration,

$$
\begin{aligned}
g(t) &\leq g(0)e^{rt} + 2b\|R(.,t)\|_\infty/r\left(e^{rt} - 1\right) \\
&\leq e^{rt} \int_0^{+\infty} (u_0(x) + v_0(x))\,dx + 2b\|R(.,t)\|_\infty/r\left(e^{rt} - 1\right).
\end{aligned}
$$

Par conséquent, pour tout $t \in [0, +\infty)$ fixé, on a

$$u(t) + v(t) \in L^1(0, +\infty).$$

D'où,

$$u(t) + v(t) \in L^2(0, +\infty)$$

car u et v sont bornées. Grâce à la positivité de U, on a $u(t)$, $v(t) \in L^2(0, +\infty)$.

D'autre part, $L = w + z$ satisfait à l'équation

$$L_t = d\frac{\partial^2 L}{\partial x^2} - b\frac{\partial L}{\partial x} + rL\left(1 - \frac{\omega}{K}\right) - \gamma L + F_s + F_I.$$

Après intégration de cette équation sur $(0, +\infty)$, on aura

$$
\begin{aligned}
\int_0^{+\infty} L_t dx &= \int_0^{+\infty} \left(d\frac{\partial^2 L}{\partial x^2} - b\frac{\partial L}{\partial x}\right)dx + r\int_0^{+\infty} L\left(1 - \frac{\omega}{K}\right)dx - \gamma\int_0^{+\infty} L\,dx \\
&\quad + \int_0^{+\infty} (F_s(x,t) + F_I(x,t))\,dx \\
&= b(L(0,t) - L(+\infty,t)) + r\int_0^{+\infty} L\left(1 - \frac{\omega}{K}\right)dx - \gamma\int_0^{+\infty} L\,dx \\
&\quad + \int_0^{+\infty} (F_s(x,t) + F_I(x,t))\,dx \\
&\leq 2bK + \int_0^{+\infty} (F_s(x,t) + F_I(x,t))\,dx - (\gamma - r)\int_0^{+\infty} L\,dx.
\end{aligned}
$$

De la même manière que pour u et v et en utilisant le fait que $F_s(x,t)$, $F_I(x,t) \in L^1(0, +\infty)$, on déduit que $w(t)$, $z(t) \in L^2(0, +\infty)$.

D'autre part, pour tout $t \in [0, +\infty)$ fixé et $h > 0$, on a

$$\|u(t+h) - u(t)\|_2 \leq \|v(t+h) - v(t)\|_1\|u(t+h) - u(t)\|_\infty,$$

d'où

$$\lim_{h\to 0}\|u(t+h) - u(t)\|_2 = 0.$$

De la même façon,

$$\lim_{h \to 0} \|v(t+h) - v(t)\|_2 = 0,$$

$$\lim_{h \to 0} \|w(t+h) - w(t)\|_2 = 0$$

et

$$\lim_{h \to 0} \|z(t+h) - z(t)\|_2 = 0.$$

Ce qui achève la démonstration.

$\square$

Nous allons maintenant énoncer une conséquence importante de la proposition précédente.

Proposition 4.4.2 *Soit $U = (u, v, w, z)$ une solution de (CDI) associée à la condition initiale U_0, alors pour tout $T > 0$, on a*

$$\int_{Q_T} \left(\frac{\partial u}{\partial x}\right)^2 dx < +\infty, \quad \int_{Q_T} \left(\frac{\partial v}{\partial x}\right)^2 dx < +\infty,$$
$$\int_{Q_T} \left(\frac{\partial w}{\partial x}\right)^2 dx < +\infty, \quad \int_{Q_T} \left(\frac{\partial z}{\partial x}\right)^2 dx < +\infty,$$

où $Q_T := [0, T] \times [0, +\infty)$.

Démonstration : D'après la Proposition 4.4.1, on a $U \in Y$. Ainsi, en multipliant la première équation de (CDI) par u et en intégrant sur Q_T, il vient

$$\int_{Q_T} \left(\frac{\partial u}{\partial x}\right)^2 dx\, dt \leq 1/2 \int_0^{+\infty} (u_0(x))^2 dx + b/2 \int_0^T (u(0,t))^2 dt$$
$$+ \int_{Q_T} u F_1(u, v, w, z) \, dx\, dt$$

vu que

$$\int_{Q_T} u_t u \, dx\, dt = \frac{1}{2} \int_0^{+\infty} \left[(u(x,T))^2 - (u_0(x))^2\right] dx,$$
$$b \int_{Q_T} u_x u \, dx\, dt = \frac{b}{2} \int_0^T \left[(u(+\infty,t))^2 - (u(0,t))^2\right] dt,$$

grâce à la formule de Green. Ensuite, puisque

$$
\begin{aligned}
\int_{Q_T} u F_1(u,v,w,z)\, dx\, dt \;=\; & -\alpha \int_{Q_T} u^2(v+z)\, dx\, dt + \int_{Q_T} \frac{\beta u v}{w+z+1}\, dx\, dt \\
& + r \int_{Q_T} \left(1 - \frac{\omega}{K}\right) u^2\, dx\, dt \\
\leq\; & \left(\alpha \sup_{t\in[0,+\infty)} \|u(t)+v(t)\|_X + r\right) \int_{Q_T} u^2\, dx\, dt \\
& + \beta \left(\int_{Q_T} u^2\, dx\, dt\right)^{1/2} \cdot \left(\int_{Q_T} v^2\, dx\, dt\right)^{1/2} < +\infty,
\end{aligned}
$$

on en déduit que $\displaystyle\int_{Q_T} \left(\frac{\partial u}{\partial x}\right)^2 dx < +\infty$. De même, on peut établir que

$$
\int_{Q_T} \left(\frac{\partial v}{\partial x}\right)^2 dx < +\infty, \quad \int_{Q_T} \left(\frac{\partial w}{\partial x}\right)^2 dx < +\infty, \quad \int_{Q_T} \left(\frac{\partial z}{\partial x}\right)^2 dx < +\infty.
$$

$\square$

4.4.2   L'ensemble limite

Dans la suite, on note par $\omega(U_0)$ l'ensemble limite de $U_0 = (u_0, v_0, w_0, z_0)$ et Λ l'ensemble des solutions du système elliptique $(\mathrm{CDI})_e$

$$
-Bu \;=\; -\alpha u(v+z) + \frac{\beta v}{w+z+1} + r\left(1 - \frac{\omega}{K}\right) u, \tag{4.11}
$$

$$
-Bv \;=\; \alpha u(v+z) - \frac{\beta v}{w+z+1} + r\left(1 - \frac{\omega}{K}\right) v, \tag{4.12}
$$

$$
-Bw \;=\; f_s(x) - \gamma w - \alpha w(v+z) + \frac{\beta z}{w+z+1} + r\left(1 - \frac{\omega}{K}\right) w, \tag{4.13}
$$

$$
-Bz \;=\; f_I(x) - \gamma z + \alpha w(v+z) - \frac{\beta z}{w+z+1} + r\left(1 - \frac{\omega}{K}\right) z, \tag{4.14}
$$

avec les conditions aux limites

$$
u'(0) = u'(+\infty) = 0, \; v'(0) = v'(+\infty) = 0, \tag{4.15}
$$

$$
w'(0) = w'(+\infty) = 0, \; w'(0) = w'(+\infty) = 0. \tag{4.16}
$$

Soit $H = (H_1, H_2, H_3, H_4)$ le seconde membre de (CDI). Le résultat suivant énonce une caractérisation importante de l'ensemble limite de (CDI). Quelques références [Haraux 1983, Kirane 1986].

Théorème 4.4.3 *L'ensemble limite ω du système (CDI) dans Y est un sous ensemble de Λ.*

Démonstration : Soit $(u_s, v_s, w_s, z_s) \in \omega(U_0)$, alors il existe une suite $\{t_n\}_{n\geq 1}$, $t_n \to +\infty$, telle que

$$\lim_{n\to+\infty} u(x,t_n) = u_s(x), \quad \lim_{n\to+\infty} v(x,t_n) = v_s(x), \tag{4.17}$$

$$\lim_{n\to+\infty} w(x,t_n) = w_s(x), \quad \lim_{n\to+\infty} z(x,t_n) = z_s(x). \tag{4.18}$$

Maintenant pour tout $x \in (0, +\infty)$ et $\sigma \in \,]-1, 1[$, on définit

$$\delta_n(x,\sigma) = u(x, t_n + \sigma), \quad \eta_n(x,\sigma) = v(x, t_n + \sigma),$$

$$\nu_n(x,\sigma) = w(x, t_n + \sigma), \quad \xi_n(x,\sigma) = z(x, t_n + \sigma).$$

Rappelons que si $U = (u,v,w,z)$ est une solution de (CDI) associée à U_0, alors $U \in \Sigma$. On multiplie (4.3) par u_t, (4.4) par v_t, (4.5) par w_t et (4.6) par z_t, ensuite on intègre sur Q_∞ ; en utilisant la Proposition 4.4.2, on a

$$u_t, \; v_t, \; w_t, \; z_t \in L^2\left((0,+\infty); L^2(0,+\infty)\right).$$

Ainsi, pour tout $\sigma \in \,]-1, 1[$, on a

$$\delta_n(x,\sigma) - u(x,t_n) = \int_{t_n}^{t_n+\sigma} u_t(x,t)dt$$

$$\leq \sqrt{2}\left(\int_{t_n-1}^{t_n+1} (u_t)^2 dt\right)^{1/2}.$$

Par conséquent,

$$\int_0^{+\infty} |\delta_n(x,\sigma) - u(x,t_n)|^2 dx \leq 2\int_0^{+\infty}\int_{t_n-1}^{t_n-1} (u_t)^2 \, dtdx.$$

Passons à limite quand $n \to \infty$, on obtient

$$\int_0^{+\infty} |\delta_n(x,\sigma) - u(x,t_n)|^2 dx \to 0.$$

Il en résulte que

$$\sup_{\sigma\in[-1,1]} \|\delta_n(x,\sigma) - u_s\|_2 \to 0, \quad n \to \infty. \tag{4.19}$$

De la même façon, on obtient

$$\sup_{\sigma\in[-1,1]} \|\eta_n(x,\sigma) - v_s\|_2 \to 0, \quad n \to \infty, \tag{4.20}$$

$$\sup_{\sigma\in[-1,1]} \|\nu_n(x,\sigma) - w_s\|_2 \to 0, \quad n \to \infty, \tag{4.21}$$

$$\sup_{\sigma\in[-1,1]} \|\xi_n(x,\sigma) - z_s\|_2 \to 0, \quad n \to \infty. \tag{4.22}$$

Des arguments analogues s'appliquent pour obtenir

$$\sup_{\sigma \in [-1,1]} \left\| \frac{\partial \delta_n}{\partial x}(x,\sigma) - u_s' \right\|_2 \to 0, \quad n \to \infty, \tag{4.23}$$

$$\sup_{\sigma \in [-1,1]} \left\| \frac{\eta_n}{\partial x}(x,\sigma) - v_s' \right\|_2 \to 0, \quad n \to \infty, \tag{4.24}$$

$$\sup_{\sigma \in [-1,1]} \left\| \frac{\partial \nu_n}{\partial x}(x,\sigma) - w_s' \right\|_2 \to 0 \quad n \to \infty, \tag{4.25}$$

et

$$\sup_{\sigma \in [-1,1]} \left\| \frac{\partial \xi_n}{\partial x}(x,\sigma) - z_s' \right\|_2 \to 0 \quad n \to \infty. \tag{4.26}$$

Maintenant de (4.50) et (4.51), on a

$$\lim_{n \to +\infty} \sup_{\sigma \in [-1,1]} \int_0^{+\infty} (F_s(x, t_n + \sigma) - F_s(x,t))^2 \, dx = 0 \tag{4.27}$$

et

$$\lim_{n \to +\infty} \sup_{\sigma \in [-1,1]} \int_0^{+\infty} (F_I(x, t_n + \sigma) - F_I(x,t))^2 \, dx = 0. \tag{4.28}$$

Par ailleurs, puisque $U \in \Sigma$, il vient

$$|F_1(\delta_n, \eta_n, \nu_n, x, \xi_n, x, t_n + \sigma) - F_1(u_s, v_s, w_s, z_s, x, t)|$$

$$\leq M \left(|\delta_n - u_s| + |\eta_n - v_s| + |\nu_n - w_s| + |\xi_n - z_s| \right),$$

où $M = 2r + (r + \alpha + \beta) \left(\dfrac{a_1 + a_2}{\gamma - r} + K \right)$.

De même,

$$|F_2(\delta_n, \eta_n, \nu_n, \xi_n, x, t_n + \sigma) - F_2(u_s, v_s, w_s, z_s, x, t)|$$

$$\leq M \left(|\delta_n - u_s| + |\eta_n - v_s| + |\nu_n - w_s| + |\xi_n - z_s| \right).$$

Ainsi,

$$|F_3(\delta_n, \eta_n, \nu_n, \xi_n, x, t_n + \sigma) - F_3(u_s, v_s, w_s, z_s, x, t)|$$

$$\leq (M + \gamma) \left(|\delta_n - u_s| + |\eta_n - v_s| + |\nu_n - w_s| + |\xi_n - z_s| \right)$$

$$+ |F_s(x, t_n + \sigma) - F_s(x,t)|$$

En outre,

$$|F_4(\delta_n, \eta_n, \nu_n, \xi_n, x, t_n + \sigma) - F_4(u_s, v_s, w_s, z_s, x, t)|$$

$$\leq (M + \gamma) \left(|\delta_n - u_s| + |\eta_n - v_s| + |\nu_n - w_s| + |\xi_n - z_s|\right)$$

$$+|F_I(x, t_n + \sigma) - F_I(x, t)|.$$

En raison de (4.19)-(4.22) et des inégalités précédentes, on conclut que

$$\lim_{n \to +\infty} \sup_{\sigma \in [-1,1]} \|F_1(\delta_n(\sigma), \eta_n(\sigma), \nu_n(\sigma), \xi_n(\sigma), ., t_n + \sigma) - F_1(u_s, v_s, w_s, z_s, ., t)\|_2 = 0,$$

$$(4.29)$$

$$\lim_{n \to +\infty} \sup_{\sigma \in [-1,1]} \|F_2(\delta_n(\sigma), \eta_n(\sigma), \nu_n(\sigma), \xi_n(\sigma), ., t_n + \sigma) - F_2(u_s, v_s, w_s, z_s, ., t)\|_2 = 0,$$

$$(4.30)$$

$$\lim_{n \to +\infty} \sup_{\sigma \in [-1,1]} \|F_3(\delta_n(\sigma), \eta_n(\sigma), \nu_n(\sigma), \xi_n(\sigma), ., t_n + \sigma) - F_3(u_s, v_s, w_s, z_s, ., t)\|_2 = 0,$$

$$(4.31)$$

$$\lim_{n \to +\infty} \sup_{\sigma \in [-1,1]} \|F_4(\delta_n(\sigma), \eta_n(\sigma), \nu_n(\sigma), \xi_n(\sigma), ., t_n + \sigma) - F_4(u_s, v_s, w_s, z_s, ., t)\|_2 = 0.$$

$$(4.32)$$

D'autre part, soit $\varphi_i \in C^1(0, +\infty) \cap L^2(0, +\infty)$ des fonctions satisfaisant à

$$\varphi_i'(0) = \varphi_i'(+\infty) = 0, \quad i = 1, ..., 4,$$

et $\rho \in C^1(0, +\infty)$ vérifiant

$$supp\rho \subset [-1, 1],$$

$$\int_{-1}^{+1} \rho(s)ds = 1, \quad \rho(-1) = \rho(1) = 0.$$

Si on multiplie la première équation de (CDI) par $\rho(t - t_n)\varphi_1$, la deuxième par $\rho(t - t_n)\varphi_2$, la troisième par $\rho(t - t_n)\varphi_3$ et la quatrième par $\rho(t - t_n)\varphi_4$, puis on intègre sur $(t_n - 1, t_n + 1) \times (0, +\infty)$, on obtiendrait

$$\int_{t_n-1}^{t_n+1} \int_0^{+\infty} \left[\rho'(t - t_n)\varphi_1 u - d\frac{\partial u}{\partial x}\varphi_1'\rho(t - t_n) - b\varphi_1\frac{\partial u}{\partial x}\rho(t - t_n) \right] dx\, dt$$

$$+ \int_{t_n-1}^{t_n+1} \int_0^{+\infty} \rho(t - t_n)\varphi_1 F_1(u, v, w, z, x, t)\, dx\, dt = 0,$$

$$\int_{t_n-1}^{t_n+1} \int_0^{+\infty} \left[\rho'(t - t_n)\varphi_2 v - d\frac{\partial v}{\partial x}\varphi_2'\rho(t - t_n) - b\varphi_2\frac{\partial v}{\partial x}\rho(t - t_n) \right] dx\, dt$$

$$+ \int_{t_n-1}^{t_n+1} \int_0^{+\infty} \rho(t - t_n)\varphi_2 F_2(u, v, w, z, x, t)\, dx\, dt = 0,$$

$$\int_{t_n-1}^{t_n+1} \int_0^{+\infty} \left[\rho'(t-t_n)\varphi_3 w - d\frac{\partial w}{\partial x}\varphi'_3\rho(t-t_n) - b\varphi_3\frac{\partial w}{\partial x}\rho(t-t_n) \right] dx\,dt$$

$$+ \int_{t_n-1}^{t_n+1} \int_0^{+\infty} \rho(t-t_n)\varphi_3 F_3(u,v,w,z,x,t)\,dx\,dt = 0,$$

et

$$\int_{t_n-1}^{t_n+1} \int_0^{+\infty} \left[\rho'(t-t_n)\varphi_4 z - d\frac{\partial z}{\partial x}\varphi'_4\rho(t-t_n) - b\varphi_4\frac{\partial z}{\partial x}\rho(t-t_n) \right] dx\,dt$$

$$+ \int_{t_n-1}^{t_n+1} \int_0^{+\infty} \rho(t-t_n)\varphi_4 F_4(u,v,w,z,x,t)\,dx\,dt = 0.$$

En posant $\sigma = t - t_n$, il vient

$$\int_{-1}^{1} \int_0^{+\infty} \left[\rho'(\sigma)\varphi_1(x)\delta_n(x,\sigma) - d\frac{\partial\delta_n}{\partial x}\varphi'_1\rho(\sigma) - b\frac{\partial\delta_n}{\partial x}\varphi_1\rho(\sigma) \right] dx\,d\sigma,$$

$$+ \int_{-1}^{1} \int_0^{+\infty} \varphi_1\rho(\sigma)F_1(\delta_n,\eta_n,\nu_n,\xi_n,x,t_n+\sigma)\,dx\,d\sigma = 0,$$

$$\int_{-1}^{1} \int_0^{+\infty} \left[\rho'(\sigma)\varphi_2(x)\eta_n(x,\sigma) - d\frac{\partial\eta_n}{\partial x}\varphi'_2\rho(\sigma) - b\frac{\partial\eta_n}{\partial x}\varphi_2\rho(\sigma) \right] dx\,d\sigma$$

$$+ \int_{-1}^{1} \int_0^{+\infty} \varphi_2\rho(\sigma)F_2(\delta_n,\eta_n,\nu_n,\xi_n,x,t_n+\sigma)\,dx\,d\sigma = 0,$$

$$\int_{-1}^{1} \int_0^{+\infty} \left[\rho'(\sigma)\varphi_3(x)\nu_n(x,\sigma) - d\frac{\partial\nu_n}{\partial x}\varphi'_3\rho(\sigma) - b\frac{\partial\nu_n}{\partial x}\varphi_3\rho(\sigma) \right] dx\,d\sigma$$

$$+ \int_{-1}^{1} \int_0^{+\infty} \varphi_3\rho(\sigma)F_3(\delta_n,\eta_n,\nu_n,\xi_n,x,t_n+\sigma)\,dx\,d\sigma = 0$$

et

$$\int_{-1}^{1} \int_0^{+\infty} \left[\rho'(\sigma)\varphi_4(x)\xi_n(x,\sigma) - d\frac{\partial\xi_n}{\partial x}\varphi'_4\rho(\sigma) - b\frac{\partial\xi_n}{\partial x}\varphi_4\rho(\sigma) \right] dx\,d\sigma$$

$$+ \int_{-1}^{1} \int_0^{+\infty} \varphi_4\rho(\sigma)F_4(\delta_n,\eta_n,\nu_n,\varphi_n,x,t_n+\sigma)\,dx\,d\sigma = 0.$$

De (4.19), on obtient

$$\lim_{n\to\infty} \int_{-1}^{1} \int_0^{+\infty} \rho'(\sigma)\varphi_1(x)\delta_n(x,\sigma)\,dx d\sigma = \int_{-1}^{1} \int_0^{+\infty} \rho'(\sigma)\varphi_1(x)u_s(x)\,dx\,d\sigma$$

$$= \int_{-1}^{1} \rho'(\sigma)d\sigma \int_0^{+\infty} \varphi_1(x)u_s(x)\,dx = 0,$$

Comme $\rho(-1) = \rho(1) = 0$. De plus, l'égalité (4.29) donne

$$\lim_{n \to \infty} \int_{-1}^{1} \int_{0}^{+\infty} \varphi_1 \rho(\sigma) F_1(\delta_n, \eta_n, \nu_n, \xi_n, x, t_n + \sigma) \, dx \, d\sigma$$

$$= \int_{0}^{+\infty} \varphi_1 H_1(u_s, v_s, w_s, z_s) \, dx.$$

Ainsi,

$$\int_{0}^{+\infty} [d\varphi_1' u_s' + b\varphi_1 u_s' - H_1(u_s, v_s, w_s, z_s)] \, dx = 0.$$

De la même façon, on peut voir que

$$\int_{0}^{+\infty} [d\varphi_2' v_s' + b\varphi_2 v_s' - H_2(u_s, v_s, w_s, z_s)] \, dx = 0,$$

$$\int_{0}^{+\infty} [d\varphi_3' w_s' + b\varphi_3 w_s' - H_3(u_s, v_s, w_s, z_s)] \, dx = 0,$$

$$\int_{0}^{+\infty} [d\varphi_4' z_s' + b\varphi_4 z_s' - H_4(u_s, v_s, w_s, z_s)] \, dx = 0.$$

Ce qui achève la démonstration.

$\square$

Le Théorème 4.4.3 affirme que l'ensemble limite engendré par (CDI) doit être composé entièrement des solutions du système (CDI)$_e$.

4.5 Existence des solutions positives de (CDI)$_e$

Dans cette partie, nous établissons l'existence de solutions positives de (4.11)-(4.14) avec les conditions aux limites (4.15)-(4.16) en faisant appel au théorème de Leray-Schauder (Théorème B.2.1 Annexe B). L'idée de la démonstration est d'étudier l'existence des solutions positives dans un intervalle borné $(0, a)$, ensuite en déduire l'existence dans $(0, +\infty)$.

4.6 Existence dans un domaine borné

Nous commençons par présenter quelques estimations nécessaires pour la suite.

Proposition 4.6.1 *Si $(u, v, w, z) \in \left(L^2(0, a)\right)^4$ est une solution de (4.11)-(4.14) avec les conditions aux bords*

$$u'(0) = u'(a) = 0, \quad v'(0) = v'(a) = 0,$$

$$w'(0) = w'(a) = 0, \quad z'(0) = z'(a) = 0,$$

alors $(u, v, w, z) \in \left(H^2(0, a)\right)^4$.

Démonstration :   De (4.11), on a

$$\int_0^a (du'' - bu')^2 dx = \int_0^a \left(-\alpha u(v+z) + \frac{\beta v}{w+z+1} + r\left(1 - \frac{\omega}{K}\right)u \right)^2 dx.$$

En intégrant par parties, on obtient

$$\begin{aligned}
\int_0^a \left[(du'')^2 + (bu')^2 \right] dx &= \int_0^a \left(\alpha^2 u^2 (v+z)^2 + \frac{\beta^2 v^2}{(w+z+1)^2} \right) dx \\
&\quad + r^2 \int_0^a \left(1 - \frac{\omega}{K} \right)^2 u^2 dx \\
&\quad + 2r \int_0^a \left(\frac{\beta uv}{w+z+1} - \alpha u^2 (v+z) \right) \left(1 - \frac{\omega}{K} \right) dx \\
&\quad - \int_0^a \frac{2\alpha\beta uv(v+z)}{(w+z+1)} dx.
\end{aligned}$$

Etant donné que u, v, w et z sont des fonctions bornées, on a

$$d^2 \int_0^a (u'')^2 dx + b^2 \int_0^a (u')^2 dx \leq C \left(\int_0^a u^2 dx + \int_0^a v^2 dx \right) < +\infty,$$

où C dépend de $\|f_s\|_\infty$ et $\|f_I\|_\infty$. Par conséquent, $u \in H^2(0,a)$. Les mêmes arguments s'appliquent pour obtenir v, w, $z \in H^2(0,a)$.

□

Le reste de cette section est basé sur l'application du théorème de Leray-Schauder (Théorème B.2.1 Annexe B) [Freitas 2000, Lou 1999, Zhang 2004]. Pour ce faire, nous considérons le système $(S)_\tau$ avec le paramètre $0 \leq \tau \leq 1$ comme suit

$$\begin{aligned}
-du'' + \tau bu' &= -\alpha uv - \tau \alpha uz + \frac{\beta v}{w+z+1} + r\left(1 - \frac{u+v}{K}\right)u - \tau\frac{r}{K}(w+z)u \\
-dv'' + \tau bv' &= \alpha uv + \tau \alpha uz - \frac{\beta v}{w+z+1} + r\left(1 - \frac{u+v}{K}\right)v - \tau\frac{r}{K}(w+z)v \\
-dw'' + \tau bw' &= \tau f_s(x) - \tau(\gamma - r/2)w - r/2w - \tau\alpha wv - \alpha wz + \frac{\beta z}{w+z+1} \\
&\quad + r\left(1 - \frac{w+z}{K}\right)w - \tau\frac{r}{K}(u+v)w, \\
-dz'' + \tau bz' &= \tau f_I(x) - \tau(\gamma - r/2)z - r/2z + \tau\alpha wv + \alpha wz - \frac{\beta z}{w+z+1} \\
&\quad + r\left(1 - \frac{w+z}{K}\right)z - \tau\frac{r}{K}(u+v)z,
\end{aligned}$$

avec les conditions aux limites :

$$u'(0) = u'(a) = 0, \ v'(0) = v'(a) = 0, \tag{4.33}$$

$$w'(0) = w'(a) = 0, \ z'(0) = z'(a) = 0. \tag{4.34}$$

On note par $G(U, \tau) = (G_1(U, \tau), G_2(U, \tau), G_3(U, \tau), G_4(U, \tau))$ le second membre du système ci-dessus, où $U = (u, v, w, z)$. Pour $\tau = 0$, si la condition

$$\alpha K(K/2 + 1) > 2\beta \tag{4.35}$$

est vérifiée, alors il existe une solution strictement positive (u^*, v^*, w^*, z^*) du système $(CDI)_e$, où

$$u^* = \frac{\beta}{\alpha(K/2 + 1)}, \qquad v^* = K - \frac{\beta}{\alpha(K/2 + 1)},$$

$$w^* = \frac{\beta}{\alpha(K/2 + 1)}, \qquad z^* = K/2 - \frac{\beta}{\alpha(K/2 + 1)}.$$

Lemme 4.6.2 *Si* $\alpha K(K/2 + 1) > 2\beta$, *alors* (u^*, v^*, w^*, z^*) *est l'unique solution strictement positive du système* $(CDI)_e$.

Démonstration : Soit (u, v, w, z) une solution positive du système pour $\tau = 0$, alors $u + v$ satisfait à l'équation

$$-(u + v)'' = r \left(1 - \frac{u + v}{K} \right) (u + v), \tag{4.36}$$

avec les conditions aux limites

$$(u + v)'(0) = (u + v)'(a) = 0.$$

En multipliant (4.36) par $K - u - v$ et en intégrant sur $[0, a]$, il vient

$$\frac{r}{K} \int_0^a (K - u - v)^2 (u + v) dx = - \int_0^a ((u + v)')^2 dx \leq 0,$$

ce qui implique que $u + v = K$. De plus, $w + z$ satisfait à l'équation

$$-(w + z)'' = r \left(K/2 - w - z \right) (w + z). \tag{4.37}$$

De même, on obtient $w + z = K/2$. Maintenant, en remplaçant $u + v$ par K et $w + z$ par $K/2$ dans la première équation, on obtient

$$- u'' = \alpha v \left(\frac{\beta}{\alpha(K/2 + 1)} - u \right). \tag{4.38}$$

On multiplie (4.38) par $\left(\dfrac{\beta}{\alpha(K/2 + 1)} - u \right)$ et on intègre sur $[0, a]$; il vient

$$- \int_0^a (u')^2 dx = \alpha \int_0^a v \left(\frac{\beta}{\alpha(K/2 + 1)} - u \right)^2 dx.$$

Par conséquent, $u = \dfrac{\beta}{\alpha(K/2 + 1)}$. Le reste de la preuve se fait comme ci-dessus.

$\square$

L'opérateur

$$\left(I - d\frac{d}{dx}\right)^{-1} : L^2(0,a) \to H^1(0,a)$$

est l'inverse de $\left(I - d\dfrac{d}{dx}\right)$, avec une condition aux limites de type Neumann homogène, où I est l'opérateur identité. Ainsi, le système ci-dessus s'écrit

$$\left(I - d\frac{d}{dx}\right)^{-1}[u - \tau bu' + G_1(\tau, u, v, w, z)] = u, \qquad u'(0) = u'(a) = 0, \qquad (4.39)$$

$$\left(I - d\frac{d}{dx}\right)^{-1}[v - \tau bv' + G_2(\tau, u, v, w, z)] = v, \qquad v'(0) = v'(a) = 0, \qquad (4.40)$$

$$\left(I - d\frac{d}{dx}\right)^{-1}[w - \tau bw' + G_3(\tau, u, v, w, z)] = w, \qquad w'(0) = w'(a) = 0, \qquad (4.41)$$

$$\left(I - d\frac{d}{dx}\right)^{-1}[z - \tau bz' + G_4(\tau, u, v, w, z)] = z, \qquad z(0) = z'(a) = 0. \qquad (4.42)$$

On définit l'application T_τ de $\left(W^{1,4}(0,a)\right)^4$ dans lui même par

$$\begin{pmatrix} \varphi_1 \\ \varphi_2 \\ \varphi_3 \\ \varphi_4 \end{pmatrix} = T_\tau \begin{pmatrix} u \\ v \\ w \\ z \end{pmatrix},$$

où $0 \leq \tau \leq 1$ et

$$\varphi_1 = \left(I - d\frac{d}{dx}\right)^{-1}[u - \tau bu' + G_1(\tau, u, v, w, z)],$$

$$\varphi_2 = \left(I - d\frac{d}{dx}\right)^{-1}[v - \tau bv' + G_2(\tau, u, v, w, z)],$$

$$\varphi_3 = \left(I - d\frac{d}{dx}\right)^{-1}[w - \tau bw' + G_3(\tau, u, v, w, z)],$$

$$\varphi_4 = \left(I - d\frac{d}{dx}\right)^{-1}[z - \tau bz' + G_4(\tau, u, v, w, z)].$$

Comme l'injection $W^{2,2}(0,a) \hookrightarrow W^{1,4}(0,a) \hookrightarrow L^\infty(0,a)$ est compacte, donc l'application T_τ est aussi compacte.

Par ailleurs, (u, v, w, z) est un point fixe de T_τ si et seulement si il est solution du système (4.39)-(4.42).

De plus, on peut vérifier que la linéarisation de T_τ au point $U^* = (u^*, v^*, w^*, z^*)$ est donnée par

$$DT_\tau(U^*) = \left(I - d\frac{d}{dx}\right)^{-1} \begin{pmatrix} J_{1,1} & J_{1,2} & J_{-,3} & J_{1,4} \\ J_{2,1} & J_{2,2} & J_{2,3} & J_{2,4} \\ J_{3,1} & J_{3,2} & J_{\varepsilon,3} & J_{3,4} \\ J_{4,1} & J_{4,2} & J_{4,3} & J_{4,4} \end{pmatrix},$$

où

$$J_{1,1} = 1 - \alpha v^* - \alpha\tau z^* - \frac{r}{K}u^* - \tau u^* - \frac{\tau r}{2},$$

$$J_{1,2} = -\left(\alpha + \frac{r}{K}\right)u^* + \frac{\beta}{K/2 + 1},$$

$$J_{1,3} = -\frac{\beta v^*}{(K/2 + 1)^2} - \frac{\tau r}{K}u^*, \quad J_{1,4} = -\tau\alpha u^* - \frac{\beta v^*}{(K/2 + 1)^2} - \frac{\tau r u^*}{K},$$

$$J_{2,1} = \left(\alpha - \frac{r}{K}\right)v^* + \alpha\tau z^*, \quad J_{2,2} = 1 - \frac{r}{K}v^*,$$

$$J_{2,3} = \frac{\beta v^*}{(K/2 + 1)^2} - \frac{\tau r}{K}v^*, \quad J_{2,4} = \tau\alpha u^* + \frac{\beta v^*}{(K/2 + 1)^2} - \frac{r\tau}{K}v^*,$$

$$J_{3,1} = -\frac{\tau r}{K}w^*, \quad J_{3,2} = -\tau\left(\alpha + \frac{r}{K}\right)w^*,$$

$$J_{3,3} = 1 - \tau\gamma - \tau\alpha v^* - \alpha z^* - \frac{\beta z^*}{(K/2 + 1)^2} - \frac{r}{K}w^*,$$

$$J_{3,4} = -\alpha w^* - \frac{\beta z^*}{(K/2 + 1)^2} + \frac{\beta}{K/2 + 1} - \frac{r}{K}w^*,$$

$$J_{4,1} = -\frac{\tau r}{K}z^*, \quad J_{4,2} = \tau\alpha w^* - \frac{\tau r}{K}z^*,$$

$$J_{4,3} = \tau\alpha v^* + \alpha z^* + \frac{\beta z^*}{(K/2 + 1)^2} - \frac{r}{K}z^*,$$

$$J_{4,4} = 1 - \tau\gamma + \alpha w^* + \frac{\beta z^*}{(K/2 + 1)^2} - \frac{\beta}{K/2 + 1} - \frac{r}{K}z^*.$$

Notre prochaine étape est de chercher les valeurs propres négatives $-\mu$ de l'opérateur $I - DT_\tau(U^*)$ pour $\tau = 0$.

La fonction propre $\psi = (\psi_1, \psi_2, \psi_3, \psi_4)$ correspond à la valeur propre $-\mu$ si et seulement si $[I - DT_0(U^*)]\psi = -\mu\psi$, c'est à dire $[DT_0(U^*)]\psi = (1 + \mu)\psi$, ou

$$(S) \begin{cases} -d(1 + \mu)\psi_1'' = (J_{1,1} - \mu - 1)\psi_1 + J_{1,2}\psi_2 + J_{1,3}\psi_3 + J_{1,4}\psi_4, \\[2mm] -d(1 + \mu)\psi_2'' = J_{2,1}\psi_1 + (J_{2,2} - \mu - 1)\psi_2 + J_{2,3}\psi_3 + J_{2,4}\psi_4, \\[2mm] -d(1 + \mu)\psi_3'' = J_{3,1}\psi_1 + J_{3,2}\psi_2 + (J_{3,3} - \mu - 1)\psi_3 + J_{3,4}\psi_4, \\[2mm] -d(1 + \mu)\psi_4'' = J_{4,1}\psi_1 + J_{4,2}\psi_2 + J_{4,3}\psi_3 + (J_{4,4} - \mu - 1)\psi_4. \end{cases}$$

Le problème des valeurs propres $\psi'' = -\lambda\psi$ avec les conditions aux limites $\psi'(0) = \psi'(a)$ admet une infinité de valeurs propres : $0 = \lambda_0 < \lambda_1 < \lambda_2 < \cdots < \lambda_k < \cdots \longrightarrow +\infty$.

De là, on détermine les valeurs propres de $I - DT_0(U^*)$.

Lemme 4.6.3 *Si β satisfait à l'inégalité*

$$2\beta < \alpha^2 K(K/2 + 1) \tag{4.43}$$

et α vérifie

$$\alpha < \frac{\beta}{r(K/2 + 1) + \beta} < 1, \tag{4.44}$$

alors il existe $m \in \mathbb{N}$ tel que les valeurs propres négatives de (S) sont données par

$$\mu^{(k)} = \frac{1}{2(d\lambda_k + 1)}\left(\frac{\beta}{\alpha(K/2 + 1)} - 2d\lambda_k - \frac{\alpha K}{2} - r + \alpha z^*\right), \; pour \; k \in \{0, ..., m\}.$$

Démonstration : Le système (S) est équivalent au système

$$\begin{pmatrix} \chi_1 & J_{1,2} & J_{1,3} & J_{1,4} \\ J_{2,1} & \chi_2 & J_{2,3} & J_{2,4} \\ 0 & 0 & \chi_3 & J_{3,4} \\ 0 & 0 & J_{4,3} & \chi_4 \end{pmatrix}\begin{pmatrix} \psi_1 \\ \psi_2 \\ \psi_3 \\ \psi_4 \end{pmatrix} = \begin{pmatrix} 0 \\ 0 \\ 0 \\ 0 \end{pmatrix},$$

où $k \geq 0$ est un entier. En outre,

$$\chi_1 = J_{1,1} - (\mu + 1)(d\lambda_k + 1),$$

$$\chi_2 = J_{2,2} - (\mu + 1)(d\lambda_k + 1),$$

$$\chi_3 = J_{3,3} - (\mu + 1)(d\lambda_k + 1),$$

et

$$\chi_4 = J_{4,4} - (\mu + 1)(d\lambda_k + 1).$$

Le déterminant de la matrice ci-dessus est

$$N(\mu) = [(J_{1,1} - (\mu + 1)(d\lambda_k + 1))(J_{2,2} - (\mu + 1)(d\lambda_k + 1)) - J_{1,2}J_{2,1}]$$
$$\cdot[(J_{3,3} - (\mu + 1)(d\lambda_k + 1))(J_{4,4} - (\mu + 1)(d\lambda_k + 1)) - J_{3,4}J_{4,3}].$$

Par conséquent, les valeurs propres sont données par

$$\mu_1^{(k)} = \frac{1}{d\lambda_k + 1}\left[\frac{1}{2}J_{1,1} - (d\lambda_k + 1) + \frac{1}{2}J_{2,2} + \frac{1}{2}\sqrt{\Delta_1}\right],$$

$$\mu_2^{(k)} = \frac{1}{d\lambda_k + 1}\left[\frac{1}{2}J_{1,1} - (d\lambda_k + 1) + \frac{1}{2}J_{2,2} - \frac{1}{2}\sqrt{\Delta_1}\right],$$

$$\mu_3^{(k)} = \frac{1}{d\lambda_k + 1}\left[\frac{1}{2}J_{3,3} - (d\lambda_k + 1) + \frac{1}{2}J_{4,4} + \frac{1}{2}\sqrt{\Delta_2}\right],$$

$$\mu_4^{(k)} = \frac{1}{d\lambda_k + 1}\left[\frac{1}{2}J_{3,3} - (d\lambda_k + 1) + \frac{1}{2}J_{4,4} - \frac{1}{2}\sqrt{\Delta_2}\right],$$

où

$$\Delta_1 = (J_{1,1} - J_{2,2})^2 + 4J_{2,1} \, J_{1,2},$$

et

$$\Delta_2 = (J_{3,3} - J_{4,4})^2 + 4J_{4,3} \, J_{3,4}.$$

On évalue Δ_1 et Δ_2 :

$$
\begin{aligned}
\Delta_1 &= (J_{1,1} - J_{2,2})^2 + 4J_{2,1} \, J_{1,2} \\
&= \left((\alpha - \frac{r}{K})v^* - \frac{r}{K}u^* \right)^2 \\
&= (\alpha v^* - r)^2 \geq 0.
\end{aligned}
$$

D'après (4.8) et (4.44), on a

$$
\begin{aligned}
\mu_1^{(k)} &= -\frac{1}{2(d\lambda_k + 1)}\left[\alpha v^* + 2d\lambda_k + \frac{\beta}{K/2 + 1} \right] < 0, \\
\mu_2^{(k)} &= -\frac{1}{2(d\lambda_k + 1)}\left[\alpha v^* + 2d\lambda_k - \frac{\beta}{K/2 + 1} + 2r \right] < 0,
\end{aligned}
$$

Par addition, on a

$$J_{4,3} \, J_{3,4} = -\left(\frac{r}{2} + \frac{\beta z}{(K/2 + 1)^2} - \frac{r}{K}z \right)\left(\alpha z + \frac{\beta z}{(K/2 + 1)^2} - \frac{r}{K}z \right)$$

et

$$J_{4,4} - J_{3,3} = 2\left(\frac{\beta z}{(K/2 + 1)^2} - \frac{r}{K}z \right) + \alpha z^* + \frac{r}{2}.$$

D'où

$$
\begin{aligned}
\Delta_2 &= \left[2\left(\frac{\beta z}{(K/2 + 1)^2} - \frac{r}{K}z \right) + \alpha z^* + \frac{r}{2} \right]^2 \\
&\quad - 4\left(\frac{r}{2} + \frac{\beta z}{(K/2 + 1)^2} - \frac{r}{K}z \right)\left(\alpha z + \frac{\beta z}{(K/2 + 1)^2} - \frac{r}{K}z \right) \\
&= \left(\frac{r}{2} - \alpha z^* \right)^2.
\end{aligned}
$$

De (4.44), il vient

$$
\begin{aligned}
\mu_3^{(k)} &= \frac{1}{2(d\lambda_k + 1)}\left(\frac{\beta}{\alpha(K/2 + 1)} - 2d\lambda_k - \frac{\alpha K}{2} - \alpha z^* \right) \\
&= \frac{1}{2(d\lambda_k + 1)}\left(\frac{\beta}{\alpha(K/2 + 1)} - \alpha K - 2d\lambda_k + \frac{\beta}{K/2 + 1} \right),
\end{aligned}
$$

et

$$\mu_4^{(k)} = \frac{1}{2(d\lambda_k + 1)} \left(\frac{\beta}{\alpha(K/2 + 1)} - 2d\lambda_k - \frac{\alpha K}{2} - r + \alpha z^* \right)$$

$$= \frac{1}{2(d\lambda_k + 1)} \left(\frac{\beta}{\alpha(K/2 + 1)} - 2d\lambda_k - r - \frac{\beta}{K/2 + 1} \right).$$

D'après (4.8), on déduit que $\mu_3^{(k)} < 0$.

Par ailleurs, de (4.44) il existe un $m \in \mathbb{N}$ tel que $\mu_4^{(k)} > 0$ pour $k \in \{0, ..., m\}$. Ce qu'il fallait démontrer.

$\square$

Nous sommes maintenant en position d'appliquer le Théorème de Leray-Schauder. Le théorème suivant assure l'existence d'une solution positive du système (4.11)-(4.14), avec les conditions aux limites (4.33)-(4.34) sur $(0, a)$.

Théorème 4.6.4 *Si les conditions (4.43) et (4.44) sont vérifiées, si de plus f_s et f_I sont des fonctions non-constantes, alors il existe une solution positive $U = (u, v, w, z) \in \left(W^{1,4}(0, a) \right)^4$ du système elliptique.*

Démonstration : Soit Ω un ouvert de $(W^{1,4}(0, a))^4$ défini par

$$\Omega = \{(u, v, w, z) : C_1 < u < M_1, \ C_2 < v < M_2, \ C_3 < w < M_3, \ C_4 < u < M_4\},$$

où M_i et C_i pour $i = 1, ..., 4$ sont des constantes strictement positives indépendantes de a choisies afin que Ω arrange la condition

$$u - T(s, u) \neq 0 \quad \text{sur} \quad \partial\Omega. \tag{4.45}$$

En effet, on sait que si (u, v, w, z) est une solution de système (4.11)-(4.14) avec les conditions aux limites (4.33)-(4.34), alors elle satisfait

$$u + v \leq K$$

et

$$w + z \leq \frac{a_1 + a_2}{\gamma - r}.$$

Par conséquent, il suffit de choisir M_1, $M_2 > K$ et M_3, $M_4 > (a_1 + a_2)/(\gamma - r)$.

Par ailleurs, si C_i, $i = 1, ..., 4$ vérifient

$$C_1 < u^*, \quad C_2 < v^*, \quad C_3 < w^* \quad \text{et} \quad C_4 < z^*,$$

d'après le Lemme 4.6.2, (u^*, v^*, w^*, z^*) est la seule solution constante $(\text{S})_\tau$ dans $\bar{\Omega}$. D'où la condition (4.45) est bien vérifiée.

Maintenant, en utilisant la théorie du degré topologique, on a

$$deg\,(T_0, \Omega, 0) = \sum_{\theta \in (I - T_0)(0)} (-1)^{\sigma_j(\theta)},$$

où $\theta_j(a)$ est la somme des multiplicités algébriques des valeurs propres $I - DT_s(U^*)$ contenues dans $]0, +\infty[$. Conformément au Lemme 4.6.3, on obtient

$$deg\,(T_0, \Omega, 0) = (-1)^{m+1} \neq 0$$

ce qui achève la démonstration.

$\square$

4.7 Existence dans un domaine non-borné

Le résultat essentiel de la section 4.7 concerne l'existence d'au moins une solution positive de (4.11)-(4.14) avec les conditions aux limites (4.33)-(4.34) sur $(0, +\infty)$. Pour ce faire, nous utilisons les résultats d'existence dans un domaine borné, du paragraphe précédent, pour déduire l'existence sur $(0, +\infty)$.

Théorème 4.7.1 *Supposons que les conditions du Théoreme 4.6.4 sont vérifiées pour un $a > 0$ fixé, alors il existe une solution positive $U = (v, v, w, z) \in \left(H^2(0, +\infty)\right)^4$ de (4.11)-(4.14) et (4.33)-(4.34) sur $(0, +\infty)$.*

Démonstration :   D'après le Théorème 4.6.4, on déduit que pour tout $n \in \mathbb{N}^*$, tel que

$$n \geq [a] + 1,$$

il existe une solution positive $\tilde{U}_n = (\tilde{u}_n, \tilde{v}_n, \tilde{w}_n, \tilde{z}_n)$ sur $(0, n)$.

Soit donc la suite $U_n = (u_n, v_n, w_n, z_n)$, de sorte que

$$U_n(x) = \begin{cases} \tilde{U}_n(x), & x \in (0, n) \\ 0, & x \in (n, +\infty). \end{cases}$$

Grâce au Théorème 4.6.4, la suite $(U_n)_{n \geq 1}$ est bornée dans $\left(W^{1,4}(0, +\infty)\right)^4$ et satisfait à

$$d \int_0^{+\infty} u_n' \varphi_1' dx - b \int_0^{+\infty} u_n \varphi_1' dx = \int_0^{+\infty} H_1(u_n, v_n, w_n, z_n)\varphi_1\, dx, \qquad (4.46)$$

$$d \int_0^{+\infty} v_n' \varphi_2' dx - b \int_0^{+\infty} v_n \varphi_2' dx = \int_0^{+\infty} H_2(u_n, v_n, w_n, z_n)\varphi_2\, dx, \qquad (4.47)$$

$$d \int_0^{+\infty} w_n' \varphi_3' dx - b \int_0^{+\infty} w_n \varphi_3' dx = \int_0^{+\infty} H_3(u_n, v_n, w_n, z_n)\varphi_3\, dx, \qquad (4.48)$$

$$d \int_0^{+\infty} z_n' \varphi_4' dx - b \int_0^{+\infty} z_n \varphi_4' dx = \int_0^{+\infty} H_4(u_n, v_n, w_n, z_n)\varphi_4\, dx. \qquad (4.49)$$

Par ailleurs, d'après le Lemme 4.6.1, on déduit que $(U_n)_{n \geq 1}$ est bornée dans $\left(H^2(0, +\infty)\right)^4$. Vu que $\left(H^2(0, +\infty)\right)^4$ est un espace de Banach reflexif, alors il existe une sous-suite (U_{n_k}) telle que

$$U_{n_k} \rightharpoonup U \qquad \text{dans} \quad \left(H^2(0, +\infty)\right)^4 ;$$

(voir [Brezis 1983]).

Par passage à la limite quand $n \to +\infty$ dans (4.46)-(4.49), on obtient

$$d \int_0^{+\infty} u' \varphi_1' dx - b \int_0^{+\infty} u \varphi_1' dx \; = \; \int_0^{+\infty} H_1(u, v, w, z) \varphi_1 \, dx,$$

$$d \int_0^{+\infty} v' \varphi_2' dx - b \int_0^{+\infty} v \varphi_2' dx \; = \; \int_0^{+\infty} H_2(u, v, w, z) \varphi_2 \, dx,$$

$$d \int_0^{+\infty} w' \varphi_3' dx - b \int_0^{+\infty} w \varphi_3' dx \; = \; \int_0^{+\infty} H_3(u, v, w, z) \varphi_3 \, dx,$$

$$d \int_0^{+\infty} z' \varphi_4' dx - b \int_0^{+\infty} z \varphi_4' dx \; = \; \int_0^{+\infty} H_4(u, v, w, z) \varphi_4 \, dx.$$

Qui est la formulation variationelle associée à notre système.

$\square$

4.8 Conclusion

Dans ce chapitre, nous avons proposé un modèle (CDI) qui décrit la dynamique des bactéries résistantes et leur distribution dans une rivière. Ce modèle est un système de convection-diffusion non autonome avec des termes sources dépendant du temps $F_s(x, t)$ et $F_I(x, t)$ qui vérifient

$$\lim_{t \to +\infty} \int_0^{+\infty} (F_s(x, t) - f_s(x))^2 \, dx = 0, \qquad (4.50)$$

$$\lim_{t \to +\infty} \int_0^{+\infty} (F_I(x, t) - f_I(x))^2 \, dx = 0. \qquad (4.51)$$

Le système (CDI) tient compte de la diffusion et du transport des bactéries dans une rivière en présence de la pollution.

Nous avons démontré que le comportement des solutions de (CDI), pour des temps grands, est essentiellement déterminé par les solutions du système elliptique associé que nous avons noté $(CDI)_e$. Une partie importante de ce chapitre était consacrée à la recherche des solutions positives de $(CDI)_e$. Pour ce faire, nous avons utilisé une méthode basée sur le Théorème de Leray-Schauder qui consiste à définir un système paramétré

$(S)_\tau$ pour $0 \leq \tau \leq 1$ tel que $(S)_1$ est notre système elliptique. Nous avons démontré que si f_s et f_I sont des fonctions non constantes et si

$$2\beta < \alpha^2 K(K/2 + 1)$$

et α vérifie

$$\alpha < \frac{\beta}{r(K/2 + 1) + \beta} < 1,$$

alors il existe au moins une solution positive du système elliptique $(CDI)_e$.

Dans le cas d'une rivière de grande dimension , la capacité d'accueil K est grande, ainsi la condition $2\beta < \alpha^2 K(K/2 + 1)$ est vérifiée. Par ailleurs, si le taux de transmission α est assez petit, comme dans les rivières de grand débit, alors la condition $\alpha < \dfrac{\beta}{r(K/2 + 1) + \beta} < 1$ est vérifiée.

Les résultats de ce chapitre ont fait l'objet d'un article soumis à International Journal of Biomathematics.

CHAPITRE 5

Conclusion et perspectives

Dans ce travail nous avons mené deux parties d'étude : (i) une analyse mathématique d'un système dynamique (LMS) estimant la quantité des bactéries résistantes aux antibiotiques dans un cours d'eau, (ii) une présentation et une examination d'un système de convection-diffusion non autonome (CDI) modélisant la quantité, la distribution et le transport des bactéries dans un cours d'eau.

Après avoir rappeler quelques notions de biologie de l'émergence de la résistance des bactéries aux antibiotiques, de l'acquisition de gène de résistance, des moyens d'action des antibiotiques, ainsi que de la persistance de la résistance dans une population bactérienne, nous avons abordé le problème de modélisation et d'étude.

Les contributions de cette thèse sont :

l'étude du système (LMS) en considérant deux cas : le cas autonome et le cas non autonome avec des termes sources périodiques.

Pour le cas autonome, nous avons proposé une étude qualitative : la stabilité globale des points d'équilibres en utilisant la théorie de Lyapunov ; parallèlement des simulations numériques ont été faites. Cette étape nous a permis de déduire que la persistance des bactéries résistantes dans un cours d'eau dépend principalement de deux paramètres : α, le taux de transfert du gène de résistance et β le taux de perte de ce gène. En effet, si α est assez grand alors les bactéries résistantes persistent dans le cours d'eau ; en revanche si β qui est assez grand alors il y a une extinction des bactéries résistantes dans le cours d'eau.

Dans le cas non autonome, nous nous sommes intéressés à la recherche des régimes périodiques du système ; nous avons donc déterminé une condition suffisante d'existence de ceux-ci. Pour ce faire, nous avons utilisé une méthode basée sur le théorème de continuation de Mawhin et la théorie du degré topologique.

L'étude de ce genre de phénomènes biologiques impliquant des populations microbiologiques qui interagissent dans un milieu aquatique conduit à la prise en compte de la dynamique spatio-temporelle. L'approche qu'on a développée consiste en la formulation d'un système de convection diffusion non autonome, dans lequel la propagation et le transport des bactéries dans la rivière ont été pris en compte, ainsi que les interactions qui existent entre les espèces bactériennes. Notre domaine spatiale d'étude est $(0, +\infty)$.

Une analyse qualitative du modèle formulé est proposée, particulièrement la détermination de son ensemble limite. Nos résultats montrent comment l'ensemble limite est une partie de l'ensemble des solutions du système elliptique associé $(CDI)_e$.

Nous nous sommes proposés donc de chercher des solutions positives du système elliptique $(CDI)_e$. Nous avons envisagé d'abord le cas d'un domaine borné $(0, a)$ où on a déterminé des conditions suffisantes pour l'existence des solutions positives en utilisant la méthode basée sur le Théorème de Leray-Schauder. Dans un seconde cas on a déduit l'existence sur $(0, +\infty)$ à partir de l'existence sur $(0, a)$.

Perspectives

Convergence vers des régimes périodiques

Dans le chapitre 3, nous avons déterminé une condition suffisante d'existence des solutions périodiques pour le système (LMS), dans le cas où les termes sources F_s et F_I sont périodiques. Il serait dans la suite intéréssant de chercher une solution périodique telle que toutes les solutions du système (LMS) convergent vers cette solution.

Une vitesse non constante

Dans le chapitre 4, nous avons supposé que les bactéries sont transportées par le courant d'eau dans la rivière avec une vitesse constante. Cependant, la plupart des rivières sont de débit spatialement variable. Il serait très intéréssant dans la suite d'étudier le système de convection-diffusion (CDI) avec une vitesse $b(x)$ qui dépend de la position dans la rivière.

Dynamique et distribution des poissons infectés par des bactéries résistantes aux antibiotiques dans un bassin d'élevage

Le déversement des antibiotiques dans un bassin d'élevage contre les bactéries favorise paradoxalement l'apparition de souches résistantes. Ces mécanismes de résistance les bactéries les transmettent entre elles en pratiquant la conjugaison. Cependant, Les bactéries résistantes se mettent en contact avec les poissons du bassin ce qui entraîne des infections extérieures (cutanées) ou intérieures (ingestion) chez les poissons.

Le courant d'eau modifie le nombre des bactéries du bassin. Comme il existe des bactéries qui s'accrochent sur la peau des poissons, le flux entrant des bactéries est donc supérieur au flux sortant. Dans ce contexte, il serait intéréssant dans la suite de modéliser
- la prédiction de la diffusion et la propagation des maladies au sein des poissons dans un bassin d'élevage.
- La détermination de la concentration seuil des antibiotiques au dessus de laquelle tous les poissons du bassin deviennent infectés par des bactéries résistantes aux antibiotiques.

– L'estimation de la vitesse de l'eau convenable pour empêcher l'infection d'une manière rapide des poissons par les bactéries résistantes.

– La détermination de la quantité maximale de poissons qu'on peut mettre dans un bassin d'élevage pour éviter les infections dues à la résistance bactérienne.

Méthode proposée

La modélisation qu'on proposerait s'appuie sur l'étude théorique et numérique d'un système de réaction convection-diffusion modélisant les interactions entre : les bactéries résistantes, les bactéries non résistantes, les poissons infectés et les poissons sains, ainsi que leur distribution, dans un domaine borné de dimension 3 (le bassin d'élevage). Les hypothèses suivantes seraient considérées :

– Les bactéries sont transportées par le courant d'eau ce qui entraîne l'ajout d'un terme de transport supplémentaire pour leurs équations.

– Nous supposons des conditions aux bords de type Neumann pour les poissons. Cependant, des conditions aux bords mixtes pour les bactéries seraient considérées.

– Le déversement des antibiotiques dans les bassins d'élevage que ce soit d'une manière périodique ou impulsionnelle est pris en compte. Ce qui nous emmène à considérer deux cas d'étude : (i) système non autonome, (ii) système impulsionnel.

– Développer une méthode numérique pour l'estimation des poissons infectés dans le bassin d'élevage et ce en se basant sur des données réelles : le taux de transfert du gène de résistance chez les bactéries, la quantité des antibiotiques utilisée dans une période de temps fixé (par exemple dans une semaine), la vitesse du courant d'eau dans le bassin.

Systèmes dynamiques

Dans cette partie, J est un intervalle d'intérieur non vide de $\mathbb{R}$, Ω est un ouvert de $\mathbb{R}^n$. D'une façon simplifiée, un système dynamique s'écrit sous la forme

$$x'(t) = f(t, x(t)), \tag{A.1}$$

où $(t, x) = (t, x_1, x_2, ..., x_n) \in J \times \Omega$ et $f : J \times \Omega \to \mathbb{R}^n$ une fonction. Ici, nous allons présenter quelques résultats sur la stabilité des solutions d'un système dynamique, ainsi que l'existence des solutions périodiques d'un système non autonome.

A.1 Existence locale et existence globale

A.1.1 Existence locale

Définition 1 (Solution locale) *Une solution de (A.1) est la donnée d'un couple (I, x), où $I \subset J$ et $x : I \to \mathbb{R}^n$ est une fonction dérivable, vérifiant les conditions suivantes :*

1. $(t, x(t)) \in J \times \mathbb{R}^n$, *pour tout $t \in I$,*

2. $x'(t) = f(t, x(t))$, *pour tout $t \in I$.*

On parle aussi de solution locale.

Définition 2 (Lipschitzianité locale) *Soit $(\tilde{t}, \tilde{x}) \in \mathbb{R}_+ \times \Omega$. On dit que f est localement lipschitzienne par rapport à la seconde variable en $(\tilde{t}, \tilde{x})$ s'ils existent $\tilde{T} > 0$, $\tilde{r} > 0$ et $K > 0$ tels que pour tout $(t, x, y) \in [\tilde{t} - \tilde{T}, \tilde{t} + \tilde{T}] \times B(\tilde{x}, \tilde{r}) \times B(\tilde{x}, \tilde{r})$,*

$$\|f(t, x) - f(t, y)\| \le k\|x - y\|.$$

Dans la pratique, on vérifie que f est de classe C^1 au lieu de vérifier que f est localement lipschitzienne par rapport à la deuxième variable en un point ; on a le théorème suivant.

Théorème A.1.1 *Si f est de classe C^1 sur $J \times \Omega$, alors elle est lipschitzienne par rapport à la deuxième variable sur $J \times \Omega$.*

Théorème A.1.2 (Théorème de Cauchy-Lipschitz) *[Demailly 1996]*   *Si*
$f : J \times \Omega \to \mathbb{R}^n$ *est localement lipschitzienne par rapport à sa seconde variable en*
$(t_0, x_0) \in J \times \Omega$*, alors le problème de Cauchy suivant*

$$x'(t) = f(t, x(t)),$$
$$x(t_0) = x_0 \qquad\qquad\qquad (A.2)$$

*admet **une solution unique locale**.*

A.1.2   Existence globale

Nous donnons ici une condition d'existence utile pour les solutions globales, basée
sur la bornitude de la solution maximale. Nous introduisons d'abord le concept de prolongement d'une solution de (A.2).

Définition 3 (Prolongement d'une solution) *Soient $x : I \to \mathbb{R}^n$ et $\tilde{x} : \tilde{I} \to \mathbb{R}^n$ des
solutions de (A.2). On dit que $\tilde{x}$ est un prolongement de x si $I \subset \tilde{I}$ et $\tilde{x} = x$ sur I.*

Définition 4 (Solution maximale) *On dit qu'une solution $\tilde{x} : \tilde{I} \to \mathbb{R}^n$ est maximale
si x n'admet pas de prolongement $x : I \to \mathbb{R}^n$, avec $I \subsetneq \tilde{I}$.*

On est à présent en mesure de présenter un théorème qui assure une condition suffisante
pour l'existence globale des solutions de (A.1).

Théorème A.1.3 (Existence globale) *[Vrabie 2003] Si $x : [t_0, T) \to \mathbb{R}^n$ est la solution maximale de (A.2), alors on a l'alternative suivante :*

1. *ou bien $T = \infty$;*
2. *ou bien $T < \infty$ et $\lim\limits_{t \to T} \|u(t)\| = \infty$.*

Définition 5 (Ensemble invariant) *Un sous-ensemble $B \subset \Omega$ est dit **positivement
invariant** pour (A.2) si chaque fois que $x_0 \in B$, $x(t)$ reste dans B pour tout $t \geq t_0$.*

A.2   Résultats fondamentaux pour les systèmes auto-
nomes

On considère le système autonome :

$$x'(t) = f(x(t)) \qquad\qquad\qquad (A.3)$$

avec $f : \Omega \subset \mathbb{R}^n \to \mathbb{R}^n$ localement lipschitzienne sur Ω pour assurer l'existence et l'unicité
localement. Une première approche pour l'étude des systèmes dynamiques consiste à
rechercher les points d'équilibres satisfaisant $f(\tilde{x}) = 0$. En pratique, on s'intéresse aux
points d'équilibres qui possèdent certaines propriétés de stabilité.

A.2.1   Notion de stabilité d'un point d'équilibre

Définition A.2.1 (Stabilité au sens de Lyapunov) *On dit qu'un point d'équilibre $\tilde{x}$ est stable au sens de Lyapunov pour (A.3) si pour tout $\varepsilon > 0$, il existe un nombre réel positif δ, tel que pour tout $x_0 \in \Omega$ avec $\|\tilde{x} - x_0\| < \delta$, alors la solution x de (A.3) ayant pour condition initiale $y(t_0) = x_0$ vérifie :*

$$\text{pour tout} \quad t \geq 0, \quad \|x(t) - \tilde{x}\| \leq \varepsilon.$$

Le point d'équilibre est dit instable s'il n'est pas stable.

Définition A.2.2 (Stabilité asymptotique locale) *On dit qu'un point d'équilibre $\tilde{x}$ de (A.3) est localement asymptotiquement stable si et seulement si $\tilde{x}$ est stable et s'il existe un nombre réel positif δ, tel que pour tout $x_0 \in \Omega$ avec $\|\tilde{x} - x_0\| < \delta$, alors la solution x de (A.3) ayant pour condition initiale $x(t_0) = x_0$ vérifie :*

$$\lim_{t \to +\infty} \|x(t) - \tilde{x}\| = 0.$$

Définition A.2.3 *Le système linéarisé de (A.3) autour du point $\tilde{x}$ est défini par*

$$y'(t) = D_f(\tilde{x})y(t) \tag{A.4}$$

où $D_f(\tilde{x})$ est la différentielle de f au point $\tilde{x}$.

Dans la pratique, dans le cas des systèmes non linéaires, souvent nous étudions la stabilité locale d'un point d'équilibre en linéarisant le système autour de ce point. On a le

Théorème A.2.4 (Lyapunov 1892) *Si f est différentiable au point $\tilde{x}$, si de plus toutes les valeurs propres de $D_f(\tilde{x})$ sont de partie réelle strictement négative, alors $\tilde{x}$ est un point localement asymptotiquement stable pour le système (A.3).*

Théorème A.2.5 *Si $D_f(\tilde{x})$ a au moins une valeur propre de partie réelle strictement positive, alors $\tilde{x}$ est un point d'équilibre instable pour le système non linéaire (A.3).*

Définition A.2.6 (Stabilité globale) *On dit que $\tilde{x}$ est globalement asymptotiquement stable sur $V \subset \Omega$, si pour tout $x_0 \in V$, la solution x de (A.3) ayant pour condition initiale $x(t_0) = x_0$ vérifie :*

$$\lim_{t \to +\infty} \|x(t) - \tilde{x}\| = 0.$$

A.2.2   La théorie de stabilité de Lyapunov

Les fonctions de Lyapunov jouent un rôle très important dans l'étude des systèmes dynamiques. Elles permettent dans le cas où le théorème de linéarisation ne s'applique pas de montrer qu'un point d'équilibre est asymptotiquement stable. L'idée developpée par A. M. Lyapunov a été d'introduire des fonctions réelles et étudier leur variation le long des trajectoires du système (A.3).

Soit $V : \Omega \to \mathbb{R}$ une fonction différentiable. La dérivée de V le long des solutions de (A.3) est définie par

$$\dot{V}(x) = \langle \nabla V(x), f(x) \rangle = \sum_{i=1}^{n} \frac{\partial V}{\partial x_i} f_i(x).$$

Définition A.2.7 (Fonction de Lyapunov) *Une fonction $V : \Omega \to \mathbb{R}^n$ est une fonction de Lyapunov pour le système (A.3), si elle est décroissante le long des solutions du système. Si V est de classe C^1, cela est équivalent à dire que sa dérivée par rapport au sysème (A.3) est négative sur Ω, c'est à dire $\dot{V}(x) \leq 0$ pour tout $x \in \Omega$.*

Théorème A.2.8 (Théorème de Lyapunov) *Soit $\tilde{x}$ un point d'équilibre de (A.3). Soit U un voisinage de $\tilde{x}$ inclus dans Ω et $V : U \to \mathbb{R}$ une fonction de classe C^1 telle que*

1. $V(\tilde{x}) = 0$,

2. $\forall x \in U \backslash \{\tilde{x}\}, \quad V(x) > 0$,

3. $\forall x \in U, \quad \dot{V}(x) \leq 0$.

Alors $\tilde{x}$ est stable. Si de plus $\dot{V}(x) < 0$ pour tout $x \in U$, alors $\tilde{x}$ est asymptotiquement stable.

La fonction V du théorème A.2.8 est appellée fonction de Lyapunov associée à (A.3).

Dans ce qui suit, nous présentons le principe d'**invariance de LaSalle**. C'est un outil très utilisé pour étudier le comportement asymptotique des solutions des systèmes d'équations différentielles.

Théorème A.2.9 (Principe d'invariance de LaSalle) *[Dieudonné 1960]   Soit $V : \Omega \to \mathbb{R}_+$ une fonction de classe C^1. Supposons que $\dot{V}(x) \leq 0$ pour tout $x \in \Omega$. Ensuite, définissons*

$$E := \{x \in \Omega \ : \ \dot{V}(x) = 0\}.$$

Soit L le plus grand ensemble invariant contenu dans E. Alors, toute solution bornée tend vers L quand le temps tend vers l'infini. Si de plus, L est réduit à $\tilde{x}$, alors $\tilde{x}$ est asymptotiquement stable.

A.2.3   Critère de Dulac

Dans ce paragraphe, nous nous intéréssons aux systèmes dynamiques dans le plan. Nous allons présenter un résultat significatif sur la non-existence des solutions périodiques : **Le critère de Dulac**. Ce critère est un outil très important qui assure la non-existence des solutions périodiques. Soit le système

$$\begin{aligned} x'(t) &= f(x(t), y(t)), \\ y'(t) &= g(x(t), y(t)), \end{aligned} \tag{A.5}$$

$t \geq 0$ et $(x, y) \in \mathbb{R}^2$.

Théorème A.2.10 (Critère de Dulac) *[Reinhard 1988] Supposons que Γ est un ouvert simplement connexe de $\mathbb{R}^2$ et que f et g sont des fonctions de classe C^1 sur Γ. S'il existe une fonction B de classe C^1 sur Γ telle que*

$$\frac{\partial}{\partial x}(Bf) + \frac{\partial}{\partial y}(Bg)$$

est de signe constant et non identiquement nulle sur Γ, alors (A.5) n'admet aucune solution périodique.

A.3   Solutions périodiques des systèmes non-autonomes

Dans cette partie, on rappelle quelques résultats sur les systèmes non autonomes périodiques. Considérons le système

$$x'(t) = f(t, x(t)) \tag{A.6}$$

où f est une fonction de classe C^1, T-périodique. Les équaticns différentielles périodiques régissent l'évolution de nombreux systèmes intervenant dans la biologie. C'est pourquoi, on s'intéresse à la recherche des solutions périodiques.

Dans ce qui suit, nous présentons un résultat fondamental : Le **théorème de continuation de Mawhin** qui a été utilisé dans cette thèse pour démontrer l'existence des solutions périodiques.

A.3.1   Théorème de Mawhin

Avant d'énoncer le théorème de continuation de Mawhin, nous présentons quelques définitions sur la théorie de Fredholm.

Définition 6 (Codimension d'un sous-espace vectoriel) *Soit Y un espace de Banach. Un sous-espace vectoriel fermé $E \subset X$ est de codimension finie dans X, si le quotient X/Y est de dimension finie. La codimension de E dans X est la dimension de l'espace vectoriel quotient X/Y. On la notra $codim_Y E$ ou tout simplement $codim E$.*

Définition 7 *Soient X et Y deux espaces de Banach, $L : Dom L \subset X \to Y$ est une application linéaire et $N : X \to Y$ une application continue. L'application L est dite une application de **Fredhom d'indice zéro** si les trois conditions suivantes sont vérifiées :*

1. *$Ker L$ est de dimension fini.*

2. *$Im L$ est fermé dans Y et de codimension fini.*

3. *$dim Ker L = codim Im L < \infty$.*

Si L est une application de Fredhom d'indice zéro, alors ils existent deux projecteurs P et Q

$$P : X \to X, \quad Q : Y \to Y$$

tels que, $Im P = Ker L$, $Ker Q = Im L = Im(I - Q)$ et $X = Ker L \oplus Ker P$, $Y = Im L \oplus Im P$. Ce qui implique que

$$L \mid_{Dom L \cap Ker P} : (I - P)X \to Im L$$

est inversible. Notons l'inverse de $L \mid_{Dom L \cap Ker P}$ par K_p. Comme $Im Q$ est isomorphe à $Ker L$, il existe un isomorphisme

$$J : Im Q \to Ker L.$$

Définition 8 (Application L-compact) *Pour tout ouvert Ω borné de X, l'application N est dite **L-compact** sur $\bar{\Omega}$ si $QN(\bar{\Omega})$ est borné et $K_p(I - Q)N : \bar{\Omega} \to X$ est compact.*

Définition 9 *Soit $f \in C^1(\Omega, \mathbb{R}^n)$. Pour $x \in \Omega$, soit $J_f(x)$ le déterminant de la jacobienne de f au point x. Soit S_f l'ensemble des points critiques de f i.e $S_f = \{x \in \Omega : J_f(x) = 0\}$. Pour tout $y \in \mathbb{R}^n \setminus f(\partial\Omega \cup S_f)$, c'est à dire y est un point régulier de f, le degré de f au point y est défini par*

$$deg\{f, \Omega, y\} = \sum_{x \in f^{-1}(y)} sign J_f(x).$$

Nous sommes maintenant en mesure de présenter le théorème de continuation de Mawhin.

Théorème A.3.1 (Théorème de continuation de Mawhin) *[Mawhin 1972]*
Soient $\Omega \subset X$ un ouvert borné, L une application de Fredholm d'indice zéro et N est L-compact sur X. Supposons que

1. *Pour tout $\lambda \in (0,1)$, $x \in \partial\Omega \cup Dom(L)$, $Lx \neq \lambda Nx$*

2. *Pour tout $\lambda \in (0,1)$, $x \in \partial\Omega \cup KerL$, $QNx \neq 0$,*

3. *$deg\{JQN, \Omega \cup KerL, 0\} \neq 0$.*

Alors l'équation $Lx = Nx$ a au moins une solution dans $DomL \cup \bar{\Omega}$.

Systèmes de réaction-convection diffusion

Les systèmes de réaction-convection diffusion ont reçu beaucoup d'attention en raison de leur présence répandue dans les modèles chimiques et biologiques, ainsi que la richesse des motifs spatio-temporels de leurs solutions. Dans cette annexe, nous allons rappeler des résultats d'existence et de comportement à l'infini des solutions.

B.1 Existence locale et globale

Dans ce travail, nous sommes intéréssés par les systèmes de la forme

$$\frac{\partial u}{\partial t} = D\frac{\partial^2 u}{\partial x^2} + M\frac{\partial u}{\partial x} + f(u,x,t), \quad t > 0, \tag{B.1}$$

avec les conditions initiales

$$u(x,0) = u_0(x), \quad x \in I \subset \mathbb{R}, \tag{B.2}$$

où $u = (u_1, u_2, ..., u_3)$, $M = (m_1, m_2, ..., m_3) \in \mathbb{R}^n$, $D = diag(d_1, d_2, ..., d_3)$, avec $d_i \geq 0$, pour tout $i = 1, 2, ..., n$, f est une fonction de classe C^1.

En utilisant la théorie des semi-groupes, il est possible de considérer le système (B.1) comme un système différentielle ordinaire $u' = A(u) + f(u)$ défini dans un espace de Banach X. Dans le paragraphe qui suit, nous commençons par présenter l'existence locale des solutions de (B.1).

B.1.1 Existence locale

Nous considérons le problème de Cauchy de la forme

$$u_t = Au + f(u,x,t), \quad u(0) = u_0, \tag{B.3}$$

où $u(t)$ prend ses valeurs dans un espace de Banach $(X, \|.\|)$, $A = D\frac{\partial^2}{\partial x^2} + M\frac{\partial}{\partial x}$.

Définition 10 (Lipschitzianité locale) *L'application* $u \mapsto f(u,x,t)$ *est localement lipschitzienne si*

$$\|f(u,x,t) - f(v,x,t)\| \leq k(\|u\|, \|v\|) \|u - v\| \quad \forall u, v \in X$$

où k est une fonction continue, positive à valeurs réelles, croissante par rapport à chacune de ses variables.

Définition 11 (différentiabilité au sens de Fréchet) *f est dite différentiable au sens de Fréchet en un point $u \in X$ s'il existe une application linéaire T de X dans X telle que*

$$\|f(u + h, x, t) - f(u, x, t) - Th\| = \circ (\|h\|) \quad quand \quad \|h\| \to 0.$$

T est la dérivée de Fréchet de f en u et on note $T = df_u$.

Maintenant, nous allons faire les hypothèses suivantes :

1. L'application $u \mapsto f(u, x, t)$ est localement lipschitzienne par rapport à u.
2. f est différentiable au sens de Fréchet, avec df est sa dérivée de Fréchet. De plus, $u \mapsto df_u$ est continue de X dans $\mathcal{L}(X)$; $\mathcal{L}(X)$ est l'espace des applications linéaires de X dans X, avec la norme usuelle définie par

$$P \in \mathcal{L}(X), \quad \|P\|_{\mathcal{L}(X)} = \sup_{\|x\| \leq 1} \|P(x)\|.$$

Nous supposons aussi que pour tout ensemble borné $B \subset X$, il existe une constante $c > 0$ telle que

$$\|f(u, x) - f(v, x) - df_v(u - v)\| \leq c\|u - v\|^2, \quad \forall u, v \in B.$$

Théorème B.1.1 (Existence locale) *[Smoller 1983] Si $u_0 \in X$, alors il existe $T_{max} > 0$ qui dépend seulement de $\|u_0\|$ tel que (B.3) admet une solution unique $u \in C([0, T_{max}), X)$.*

B.1.2   Ensembles invariants

La théorie d'ensembles invariants est un outil qui nous assure l'existence globale des solutions de (B.3). Dans ce paragraphe, nous allons présenter un théorème d'existence d'ensembles invariants qu'on a utilisé dans cette thèse. Nous supposons que les conditions du paragraphe précédent sont vérifiées.

Définition 12 *Un ensemble $\Sigma \subset \mathbb{R}^n$ est dit positivement invariant pour la solution locale de (B.3), si pour toute solution $u(x, t)$ avec conditions initiales et conditions aux bords dans Σ, satisfait $u(x, t) \in \Sigma$, pour tout $x \in I$ et $t \in [0, T_{max})$.*

Nous considérons les ensembles Σ de la forme

$$\Sigma = \bigcap_{i=1}^{m} \{v \in U : G_i(v) \leq 0\}, \tag{B.4}$$

où G_i sont des fonctions dérivables définies sur U dont le gradient ne s'annule jamais.

Définition 13 *Une fonction $G : \mathbb{R}^n \to \mathbb{R}$ est dite quasi-convexe en v, si chaque fois que $dG_v(\eta) = 0$ alors $d^2G_v(\eta, \eta) \geq 0$.*

Théorème B.1.2 (Ensemble invariant) *[Smoller 1982] Soit Σ défini par (B.4). Supposons que pour tout $t \in \mathbb{R}_+$ et pour tout $v_0 \in \partial\Sigma$ (alors $G_i(v_0) = 0$ pour tout i), les conditions suivantes sont vérifiées :*

  1. Si $dG_i D(v_0, x) = \mu\, dG_i$, avec $\mu \neq 0$, alors G_i est quasi-convexe,

  2. Si $dG_i(f) < 0$ en v_0, pour tout $\varepsilon > 0$,

alors Σ est un ensemble invariant pour (B.1).

B.1.3   Existence globale

Ici, on présente un théorème qui assure l'existence globale des solutions de (B.3).

Théorème B.1.3 *(**Existence globale**) [Cazenave 1998] Supposons que les conditions du paragraphe précédent sont vérifiées, alors il existe une fonction $T : X \to (0, +\infty]$ telle que pour tout $u_0 \in X$, il existe une solution unique $u \in C([0, T(x)), X)$ de (B.3), avec $0 < T < T(x)$ et l'alternative suivante :*

  1. ou bien $T(x) = \infty$;

  2. ou bien $T(x) < \infty$ et $\lim_{t \to T(x)} \|u(t)\| = \infty$.

B.2   Comportement à l'infini des solutions

Dans l'étude des systèmes de la forme (B.1), on s'intéresse surtout au comportement à l'infini des solutions. Souvent ce comportement est décrit par les solutions du système elliptique associé à (B.1), c'est le cas où l'ensemble limite de (B.1) correspond à l'ensemble des solutions du problème elliptique.

Soit $\{S(t)\}_{t \geq 0}$ le semi groupe associé au problème (B.3) ; on a les définitions suivantes :

Définition 14 *Soit $x \in X$, alors la courbe $t \mapsto S(t)x$ est appelée la **trajectoire** de x.*

Définition 15 *(**Ensemble limite**) Soit $x \in X$, l'ensemble*

$$\omega(x) = \{y \in X; \exists t_n \to +\infty,\ S(t_n)x \to y,\ quand\, n \to +\infty\}$$

*est dit **ensemble limite** de x.*

Dans cette thèse on a utilisé une méthode basée sur le théorème de Leray-Schauder pour démontrer l'existence des solutions positives du problème elliptique associé à notre système.

Théorème B.2.1 *(**Théorème de Leray-Schauder**) [Leray 1934] Supposons que X est un espace de Banach, Ω un ouvert borné dans X et $\phi : [\kappa, \tilde{\kappa}] \times \bar{\Omega} \to X$ est donnée par $\phi(\tau, u) = u - T(\tau, u)$, avec T une application compacte. Supposons en plus que*

$$\phi(\tau, u) = u - T(\tau, u) \neq 0 \quad (\tau, u) \in [\kappa, \tilde{\kappa}] \times \partial\Omega.$$

Si

$$deg(\phi_\kappa, \Omega, 0) \neq 0,$$

alors $u - T(\tau, u) = 0$ admet une solution dans Ω pour tout $\kappa \leq \tau \leq \tilde{\kappa}$.

Bibliographie

[Acar 1997] J. F. Acar. *Consequences of bacterial resistance to antibiotics in medical practice.* Clin infect dis, vol. 24, no. 1, pages S17–8. 1997.

[Amann 1997] H. Amann. *Dynamics theory of quasilinear parabolic equations-I. Abstract evolution equations.* Nonlinear Anal, vol. 12, no. 9, pages 219–250, 1997.

[Andersson 2003] D. I. Andersson. *Persistence of antibiotic resistant bacteria.* Curr Opin Microbiol, vol. 6, no. 5, pages 452–456, 2003.

[Andronov 1966] V. K. Andronov, A. A. Vitt et S. E. Khaikin. Theory of oscillators. Oxford, 1966.

[Arenas 2008] A. J. Arenas, G. Gonález-Parra et L. Jódar. *Existence of periodic solutions in a model of respiratory syncytial virus RSV.* J. Math. Anal. Appl, vol. 344, no. 2, pages 969–980, 2008.

[Arenas 2009] A. J. Arenas, G. Gonález-Parra et L. Jódar. *Periodic solutions of nonautonomous differential systems modeling obesity population.* Chaos, soliton fract, vol. 42, no. 2, pages 1234–1244, 2009.

[Armstrong 1981] J. L. Armstrong, D. S. Shigeno, J. J. Calomiris et J. Seidler. *Antibiotic-Resistant Bacteria in Drinking Water.* Appl. Environ. Microbiol, vol. 42, no. 2, pages 277–283, 1981.

[Austin 1999] D. J. Austin et R. M. Anderson. *Studies of antibiotic resistance within the patient, hospitals and the community using simple mathematical models.* Phil. Trans. R. Soc, vol. 354, no. 1384, pages 721–738, 1999.

[Bai 2011] Z. Bai et Y. Zhou. *Existence of two periodic solutions for a non-autonomous SIR epidemic model.* Appl Math Model, vol. 35, no. 1, pages 382–391, 2011.

[Barwick 2000] R. S. Barwick, D. A. Levy, G. F. Graun, M. J. Beach et R. L. Calderon. *Surveillance for Waterborne-Disease Outbreaks — United States, 1997–1998.* Surveillance Summaries, vol. 49, no. SS04, pages 1–35, 2000.

[Boon 1999] P. I. Boon et M. Cattanach. *Antibiotic resistance of native and faecal bacteria isoleted from rivers, reservoirs and sewage treatment facilities in victoria, south-eastern Australia.* Lett Appl Microbiol, vol. 28, no. 3, pages 1234–1244, 1999.

[Bourfe-Riviere 2012] V. Bourfe-Riviere. *Protection de l'eau : La bio au travail.* CONSOM'ACTION, pages 1234–1244, 2012.

[Brezis 1983] H. Brezis. Analyse fonctionnelle théorie et applications. Masson, Paris, 1983.

[Cazenave 1998] T. Cazenave et A. Haraux. An introduction to semilinear evolution equations. Oxford lecture series in mathematics and its applications, 1998.

[Chow 2007] K. C. Chow, X. Wang et C. Castillo-Chávez. *A Mathematical Model of Nosocomial Infection and Antibiotic Resistance : Evaluating the Efficacy of Antimicrobial Cycling...* Mathematical and theoretical biology institute, no. MTBI-04-05M, pages 879–884, 2007.

[Cooke 1976] M. D. Cooke. *Antibiotic resistance among coliform and fecal coliform bacteria isolated from sewage and marine shellfish.* Antimicrobial Agents and Chemotherapy, vol. 9, no. 6, pages 879–884, 1976.

[Cooper 2011] N. G. Cooper et A. Agung Julius. *Bacterial persistence : Mathematical modeling and optimal treatment strategy.* ACC, pages 3502 – 3507, 2011.

[D'Agata 2007] E. M. C. D'Agata, P. Magal, D. Olivier, S. Ruan et G. F. Webb. *Modeling antibiotic resistance in hospitals : The impact of minimizing treatment duration.* J Theo Bio, vol. 249, no. 3, pages 487–499, 2007.

[D'Agata 2008] E. M. C. D'Agata, M. Dupont-Rouzeyrol, P. Magal, D. Olivier et S. Ruan. *The impact of different antibiotic regimens on the emergence of antimicrobial-resistant bacteria.* PLOS ONE, vol. 3, no. 12, pages 487–499, 2008.

[Demailly 1996] P. Demailly. Analyse numérique et équations différentielles. Collection Grenoble sciences, 1996.

[Dieudonné 1960] J. Dieudonné. Foundations of modern analysis. pure and applied mathematics, vol. x. Academic Press, New York, 1960.

[Dieudonné 2003] J. Dieudonné. Eléments d'analyse - tome i : Fondements de l'analyse moderne. Éditions Jacques Gabay, 2003.

[Françoise 2005] J. P. Françoise. Oscillations en biologie. Springer, 2005.

[Freitas 2000] P. Freitas et M. P. Vishnevskii. *Stability of stationary solutions of nonlocal reaction-diffusion equations in m-dimensional spaces.* Differential integral equations, vol. 13, no. 1-3, pages 265–288, 2000.

[Garet 2012] O. Garet, R. Marchand et R. B. Schinazi. *Bacterial persistence : a winning strategy ?* arXiv :1109.5132, vol. 2, 2012.

[Georgiev 2001] Georgiev, S. Georgiev, G. Tsvetkov et D. Petkov. *On the nonautonomous n-competing species problem.* Nonlinear Stud, vol. 8, no. 1, pages 65–78, 2001.

[Gonzalo 1989] M. P. Gonzalo, R. M. Arribas, E. Latorre, F. Baquero et J. L. Martinez. *Sewage dilution and loss of antibiotic resistance and virulence determinants in Escherichia coli.* FEMS. Microbiology Letters, vol. 50, pages 93–96, 1989.

[Guilfoile 2007] P. G. Guilfoile. Antibiotic-resistant bacteria. Chelsea house, 2007.

[Guven 2006] B. Guven et A. Howard. *Modelling the growth and movement of cyanobacteria in river systems.* Sci Total Environ, vol. 368, no. 2-3, pages 898–908, 2006.

[Hadeler 2008] K. P. Hadeler. *Transport, reaction and delay in mathematical biology, and the inverse problem from travelling fronts*. J. Math. Sci, vol. 149, no. 6, pages 1658–1678, 2008.

[Haraux 1983] A. Haraux et M. Kirane. *Estimations C^1 pour des problèmes paraboliques semi-linéaires*. Ann. Fac. Sci Toulouse Math, vol. 5, no. 3-4, pages 265–280, 1983.

[Hellweger 2011] F. L. Hellweger, X. Ruan et S. Sanchez. *A Simple Model of Tetracycline Antibiotic Resistance in the Aquatic Environment (with Application to the Poudre River)*. Int. J. Environ, vol. 8, no. 2, pages 480–497, 2011.

[Hellweger 2013] F. L. Hellweger et M. Asce. *Simple Model of Tetracycline Antibiotic Resistance in Aquatic Environment : Accounting for Metal Coselection*. J. Environ. Eng., vol. 139, no. 6, pages 913–921, 2013.

[Kachiashvili 2007] K. Kachiashvili, D. Gordeziani, R. Lazarov et D. Melikdzhanian. *Modeling and simulation of pollutants transport in rivers*. Appl Math Model, vol. 31, no. 7, pages 1371–1396, 2007.

[Kempf 2012] I. Kempf et E. J. Anses. *Coût biologique et évolution de la résistance aux antibiotiques*. Bulletin épidémiologique, santé animale et alimentation, no. 53, 2012.

[Kirane 1986] M. Kirane. *Global bounds and asymptotics for a system of reaction-diffusion equations*. J Math Anal Appl, vol. 138, no. 2, pages 328–342, 1986.

[Klapper 2010] I. Klapper et J. Dockery. *Mathematical Description of Microbial Biofilms*. vol. 52, no. 2, pages 221–265, 2010.

[Kummerer 2004] K. Kummerer. *Resistance in the environment*. J. Antimicrob. Chemother, vol. 54, no. 2, pages 311–320, 2004.

[Lawrence 2010] B. Lawrence, A. Mummert et C. Somerville. *A model of the number of antibiotic resistant bacteria in rivers*. arXiv :1007.1383[q-bio.PE], vol. 1, pages 465–483, 2010.

[Leclerc 2002] H. Leclerc, L. Schwartzbrod et E. Dei-Cas. *Microbial agents associated with waterborne diseases*. Crit Rev Microbiol, vol. 28, no. 4, pages 371–409, 2002.

[Lenski 1991] R. E. Lenski. *Quantifying fitness and gene stability in microorganisms*. Biotechnology, vol. 15, pages 173–192, 1991.

[Leray 1934] J. Leray et J. Schauder. *Topologie et équations fonctionnelles*. Annales Scientifiques de l'E. N. S, vol. 51, no. 3, pages 879–884, 1934.

[Lévesque 1994] B. Lévesque, P. Simard, D. Gauvin, S. Gingras, E. Dewailly et R. Letarte. *Comparison of the microbiological quality of water coolers and that of municipal water systems*. Appl. Environ. Microbiol, vol. 60, no. 4, pages 1174–1178, 1994.

[Levy 1992] S. B. Levy. *The antibiotic paradox : how miracle drugs are destroying the miracle*. Plenum Press, New York, 1992.

[Lipsitch 2000] M. Lipsitch, C. T. Bergstrom et B. R. Levin. *The epidemiology of antibiotic resistance in hospitals : Paradoxes and prescriptions.* Proc Natl Acad Sci U S A, vol. 97, no. 4, pages 1938–1943, 2000.

[Lou 1999] Y. Lou et W. M. Ni. *Diffusion vs cross-diffusion : An elliptic approach.* J. Differential Equations, vol. 154, no. 1, pages 157–190, 1999.

[MacGowan 1983] JE. Jr. MacGowan. *Antimicrobial resistance in hospital organisms and its relation to antibiotic use.* Rev Infect Dis, vol. 5, no. 6, pages 1033–1048, 1983.

[Mawhin 1972] J. Mawhin. *Equivalence theorems for nonlinear operator equations and coincidence degree theory for some mappings in locally convex topological vector spaces.* J. Differential Equations, vol. 12, pages 610–636, 1972.

[Mostefaoui 2013] I. M. Mostefaoui. *Analysis of the model describing the number of antibiotic resistant bacteria in a polluted river.* Math. Meth. App. Sci, 2013.

[Obaro 1996] S. K. Obaro, M. A. Monteil et D. C. Henderson. *The pneumococcal problem.* BMJ, vol. 7045, no. 312, pages 1521–1525, 1996.

[Pagès 2004] J. M. Pagès. *Porines bactériennes et sensibilité aux antibiotiques.* MS : médecine sciences, vol. 20, no. 3, pages 346–351, 2004.

[Passerat 2010] J. Passerat, F. Tamtam, B. Le Bot, J. Eurin, M. Chevreuil et P. Servais. *Antimicrobials and faecal bacteria resistant to antimicrobials in the rivers of the Seine River watershed : impacts of hospital effluents.* Eur. J. Water. Qual, vol. 41, pages 1–31, 2010.

[Raloff 1999] J. Raloff. *Waterways carry antibiotic resistance.* Science News, vol. 155, no. 23, page 356, 1999.

[Reinhard 1988] H. Reinhard. équations différentielles - fondements et applications. Gauthier-Villars, Paris, 1988.

[Rouche 1973] N. Rouche et J. Mawhin. Equations différentielles ordinaires. Masson, 1973.

[Russell 1998] A. D. Russell. *Bacterial resistance to disinfectants : present knowledge and future problems.* J Hosp Infect, vol. 43, no. Supplement, pages 57–68, 1998.

[Servais 2009] P. Servais et J. Passerat. *Antimicrobial resistance of fecal bacteria in waters of the Seine river watershed (France).* Sci Total Environ, vol. 408, no. 2, pages 365–372, 2009.

[Smoller 1983] J. Smoller. Shock waves and reaction-diffusion equations. Springer-Verlag, New York, 1983.

[Steets 2003] B. M. Steets et P. A. Holden. *A mechanistic model of runoff-associated fecal coliform fate and transport through a coastal lagoon.* Water Res, vol. 37, no. 3, pages 589–608, 2003.

[Tidwell 2008] T. T. Tidwell. *Hugo (Ugo) schiff, schiff bases, and centry of β-lactam synthesis.* Angew. Chem. Int. Ed, vol. 47, no. 6, pages 1016–1020, 2008.

[Vrabie 2003] I. I. Vrabie. Differential equations. World Scientific, 2003.

[Walsh 2003] C. Walsh. *Where will new antibiotics come from?* Nat Rev Microbiol, vol. 1, no. 1, pages 65–70, 2003.

[Webb 2005] G. F. Webb, E. M. C. D'Agata, P. Magal et S. Ruan. *A model of antibiotic-resistant bacterial epidemics in hospitals.* PNAS, vol. 102, no. 37, pages 13343–13348, 2005.

[Xi 2009] C. Xi, Y. Zhang, C. F. Marrs, W. Ye et C. Simon. *Prevalence of antibiotic resistance in drinking water treatment and distribution systems.* Appl. Environ. Microbiol, vol. 75, no. 17, pages 5714–5718, 2009.

[Zhang 2004] L. Zhang. *Positive steady states of an elliptic system arising from biomathematics.* Nonlinear Anal-Real, vol. 6, no. 1, pages 83–110, 2004.

[Zucca 2014] F. Zucca. *Persistent and susceptible bacteria with individual deaths.* J Theo Bio, vol. 343, pages 69–78, 2014.

www.ingramcontent.com/pod-product-compliance
Lightning Source LLC
Chambersburg PA
CBHW021119210326
41598CB00017B/1501